梨 中国·魏县 品种集

ZHONGGUO WEIXIAN LI PIN ZHONG JI

刘振廷　冯立学　著

U0349317

中国农业科学技术出版社

图书在版编目（CIP）数据

中国魏县梨品种集 / 刘振廷，冯立学著 . — 北京：
中国农业科学技术出版社，2018.6
ISBN 978-7-5116-3710-9

Ⅰ . ①中… Ⅱ . ①刘… ②冯… Ⅲ . ①梨 – 品种 – 魏
县 Ⅳ . ① S661.2

中国版本图书馆 CIP 数据核字 (2018) 第 111038 号

责任编辑　徐　毅
责任校对　马广洋

出 版 者　中国农业科学技术出版社
　　　　　北京市中关村南大街 12 号　　邮编：100081
电　　话　（010）82106636（编辑室）
　　　　　（010）82109702（发行部）
　　　　　（010）82109709（读者服务部）
传　　真　（010）82106631
网　　址　http://www.castp.cn
经 销 者　各地新华书店
印 刷 者　北京地大天成印务有限公司
开　　本　787mm×1092mm　1/32
印　　张　4.5
字　　数　120 千字
版　　次　2018 年 6 月第 1 版　2018 年 6 月第 1 次印刷
定　　价　29.00 元

前　言

　　魏县是国家命名的"中国鸭梨之乡"。鸭梨的发展已有近 3 000 年的历史。相传，仙女"梨花仙子"与魏县泊儿村男子杜郎相爱，以身相许，并把天庭梨枝嫁接在杜郎家中的杜梨树上，精心培育，代代相传。

　　20 世纪 60—70 年代，中共魏县县委、县政府对梨树种植、新品种引进、果树管理非常重视。在全县培训技术人员，推广梨树剪枝、人工授粉、新品种嫁接等，梨的质量和产量有了较大提高，魏县鸭梨出现了前所未有的丰收景象。魏县鸭梨以"天津鸭梨"品牌从当年 9 月到翌年 5 月，由小火车昼夜不停地运输，通过天津港出口到世界各地。由此，魏县鸭梨享誉国内外。

　　魏县不仅有鸭梨，还有红梨、砘子梨、银白梨等 16 个古老品种。果农们先后从全国各地引进几十个新品种；几代梨农与县林业局果树研究人员共同努力，刻苦钻研，培育出了自授粉、品质好、产量高的"美香鸭梨""金丰鸭梨""特大鸭梨"等新品种；在引进、改良的基础上，创新了一些新的种植模式。例如，在鸭梨树冠顶端嫁接红梨，实现果树自授粉，省时省力，红梨的单果重由原来 100 ～ 200 克提高到 300 克以上，经济效益大为增加。经过数十年的发展，魏县梨树的种植面积已达数十万亩（1 亩 ≈ 666.7 平方米。全书同）。梨乡魏县，春季：是一眼望不到边的万顷梨园，梨花盛开的季节，一片片雪白的梨花，让人赏心悦目；秋季：金黄色的梨果压满枝头，硕果飘香。

　　为向果农推荐一些新品种，使果农有更好的经济收益；为进一步宣传魏县梨文化，把梨文化传承下去；为了让各界有识之士尤其是企业家们了解魏县梨的品种和广阔的市场前景，对梨进行深加工（如制作梨果脯、梨汁饮料、梨酒等）。于是，我们怀着一种强烈的社会责任感，于2008—2010年的8—9月，在果树生长最旺盛而气温最热的季节，刘振廷、冯立学二人骑着一辆摩托车，身背两部照相机历时3年，走乡村、串梨园、访果农、找品种，跑遍了全县所有梨园的各个角落，行程数千千米。在乡村技术人员的无偿协助下，从数十万亩果园中调查、寻找梨品种。在这个过程中也有了许多新的发现：有一枝"自实鸭梨"只有20多个梨，是中国科学院进行科学实验的品系；有一种油秋梨，有近千年的历史；有一种改良嫁接的魏县红梨，单果市场价值10元以上，等等。现栽种的已发现近60多个梨品种。

我们在拍摄过程中付出了汗水和心血。在枝叶茂密、土地潮湿、密不透风的梨园中，温度有时达到40℃以上，酷热难忍。为了寻找一个好的拍摄角度，有时需要跪在地上，也多次攀爬在树枝上，碰破手皮，刮破衣服是家常便饭。当技术员无偿为我们提供帮助、当我们一次次看到数万名果农那种期盼的眼神；听到果农一次次地嘱托时，我们深感身上有一种无形的责任和压力，这种压力一直在激励着我们。

我们编辑出版这本书的目的：一是推广优质梨品种给果农带来收益；二是继承和发展魏县千年梨文化；三是期盼企业家对魏县梨进行开发深加工，给魏县的发展带来更多机遇。如能实现以上目的，我们的一切付出都非常值得，我们就会感到十分的欣慰！

著　者

2017年9月9日

目　录

第一章　概　述

梨有"百果之宗"的称号，所以，古时又称它"宗果"。此外，它还有快果、玉乳、蜜父等称谓。梁代陶弘景《名医别录》说："梨性冷利，多食损人，故俗称谓之快果"。另据《清异录》载："建业野人种梨者，诧其味，曰蜜父"。梨果肉含有丰富的果糖、葡萄糖和苹果酸等有机酸，另有蛋白质、脂肪、钙、磷、铁以及胡萝卜素、硫胺素、核黄素、尼克酸、抗坏血酸等多种维生素。

祖国医学认为梨性寒，味甘，有润肺、消痰、止咳、降火、清心等功用。

魏县地处河北省最南端，北纬 36°3′0.7″～36°26′30″，东经 114°43′42″～115°07′24″。南北长 43.5 千米，东西宽 36.5 千米，全县总面积 129.54 万亩，其中，耕地面积 91.96 万亩，是古黄河及漳卫河冲积而成的山前平原农区，县域内海拔高 45.5～58.5 米，西高东低，自然坡降比 1/2 300。

魏县气候温和，四季分明，全年平均气温 13.2℃，极端最高气温 41.1℃，极端最低气温 -19.8℃，无霜期 207.9 天，年平均降水量 513.7 毫米，年日照时数为 2 553 小时，日照率 58%，大于等于 5℃积温为 4 813.3 小时，是梨树的最适宜栽培区。

魏县种植梨树已有 3 000 余年的历史，《周礼》《诗经》《庄子》等有多处记载。秦汉以后梨树栽培有较大发展，《史记·货殖列传》载："千树梨，其人与千户侯"。三国时期，曹魏定都邺城（今临漳西），《魏文帝诏》有"御梨大如拳，甘如凌"的记载，并号召魏国栽种"五果""梨"为五果之首。魏国大将阳平侯徐晃父子及文帝子阳平王曹蕤封地。时魏为京畿，距魏县近在咫尺，魏域当有梨种植。魏县古域，"滨黄河之东，济水之西"，且气候适宜、地肥水足，极易梨树种植。三国时期种植梨树，隋唐时期有记载，得以发展，北宋时期已有大面积栽培，明朝时期魏县梨树种植规模迅速扩大。明正德《大名府志》："宋吕夷简时旧有梨树数千，又植桃树数千"。据清《一统志》载："宋韩琦时，于压沙寺种梨千株，春花盛开，任人游赏，明公多咏之"。据清《魏县志》载：康熙十一年，知县毛天麒曾写诗句："长林响梨叶，秋光遍原埠"。

清末至民国时期，外强入侵，兵匪割据，民不聊生，果品无销路。日寇入侵魏县后，修堡筑围，果园惨遭破坏，大片果树毁于战火，仅县城周围就毁掉果园数千亩。据 1949 年统计，全县仅剩果树 800 公顷（12 000 亩），其中，梨只有 600 公顷（9 000 亩）。

新中国成立后，果树生产得以较快发展。20 世纪60—70 年代,魏县县委、县政府对梨树种植、新品种引进、果树管理非常重视。在全县培训技术人员，推广梨树剪枝，人工授粉、新品种嫁接等，梨的质量和产量有了较大提高，魏县鸭梨出现了前所未有的丰收景象。魏县鸭梨以"天津鸭梨"品牌从当年9月到翌年5月，由小火车昼夜不停地运输，通过天津港出口到世界各地。由此，魏县鸭梨享誉中国和世界。

1978年中共十一届三中全会后，推行家庭联产承包责任制，果树由个户或专业户承包经营，广大干部群众果树生产的积极性空前高涨。1984年经过林业区划规划，果树生产开始走向科学化、区域化、集约化经营，全县梨树种植迅猛发展，到1993年，全县梨树面积达到9 000公顷（135 000亩），截至目前，果树面积稳定在10 002公顷（150 030亩），其中梨6 724公顷（100 860亩），占果树总面积的67.2%。

魏县原有的古老品种有15个，即魏县鸭梨、魏县红梨、砫子梨、银白梨、蒜臼梨、油秋梨、大白面梨、小白面梨、白雪花梨、小红面梨、鸭鸭面梨、红雪花梨、紫酥梨等。

随着果树面积的扩大和经济效益的提高，人们越来越重视梨品种的选择和引进，进一步丰富魏县的梨树品种资源，截至2015年魏县引进栽培过的品种达40余个，目前现存的栽培品种仍有30多个。引入魏县的品种有：赵县雪花梨、砀山酥梨、京白梨、黄冠梨、巴梨、红巴梨、早红考蜜斯梨、八月红梨、大巴梨、金花梨、线穗梨、早酥梨、早酥红梨、明月梨、晚三吉梨、爱宕梨（晚秋黄梨)、绿宝石梨、玛瑙梨、丰水梨、新世纪梨、金二十世纪梨、新高梨、新星梨、新雪梨、大果水晶梨、圆黄梨、黄金梨、0—1号梨、满天红梨、黄冠梨、早魁梨、早黄梨、红香酥梨、玉露香梨、金坠梨、八云梨、雪青梨、新梨7号、金星梨等39个品种。

几十年来，魏县进行果树研究的技术人员积极进行品种创新。在梨品种普查的基础上进行筛选试验，从鸭梨的变异品系中筛选培育出：美香鸭梨、金丰鸭梨、特大鸭梨、金脆鸭梨和大鸭梨5个新品种。这些变异品种除保持了鸭梨的一般优良特性外，又有比鸭梨果点稀少（减少87%以上）、香味更浓、肉质更细、果个变大、自花结实的特性。

第二章　魏县梨栽培历程

第一节　上古传说

魏县古城滨黄河之东，济水之西，气候温和，地肥水足，极适宜梨树的种植。仙女嫁杜郎的古代神话传说讲述了魏县鸭梨的由来；《史记·货殖列传》中的记载说明，位于河济之西的魏县古域，在汉代已经广泛种植梨树；到民国时期，由于兵匪割据和日本帝国主义的入侵，大片果树毁于战火，魏县梨树种植面积大大缩小；直至新中国成立之后，魏县梨树种植复迎来新的春天。

很早以前，这些地方没有梨树，有的倒是大片大片的杜果林子，结出的果子不过有小手指肚那么大，又酸又涩。在林子的深处住着一位英俊善良的好儿男，人们都叫他杜郎。杜郎与自己的父亲母亲一家三口相依为命，日子过得虽然像杜果一样酸涩，但是他非常孝敬自己的父母。他的为人早已被邻里乡亲传为佳话。

有一年，杜郎的母亲染上了重病，请了十里八乡的名医都来看过，就是不见好转。杜郎忧心如焚，把母亲托付给父亲一人照管，独自外出，东奔西走，四处打探解救母亲的良医妙方。

那天，杜郎走在路上，忽然下起了瓢泼大雨，四处空荡荡的没处遮蔽，只好冒雨赶路。走着走着，他看见前面有位老者在泥水中挣扎，急忙上前背上老者一步一滑地把他送回家去。杜郎见老翁冷的浑身发抖，便帮他换上干些的衣物并与他生火取暖。老翁暖和过来，杜郎见他没什么事，就要辞行。那老翁一把抓住杜郎的胳膊说道："恩人慢走，你救我一命，我怎能知恩不报，老夫虽然无能，你有什么难事，我也当尽力助你才是。"听了这话，杜郎安顿下来，把家母近况和心中之忧向老翁讲了一遍。老翁听罢，捻着胡须说道："从这儿西行千里有座华山，山上云气缭绕，是滋生名贵药草的好去处。听说在大山之巅的悬崖上，有颗衍生千年的灵芝草，取回它也许能治好你母亲的病。不过，没有人能登得那悬崖峭壁，要想取它难如登天呀！"杜郎听罢脸上一时增添了几分愁云。但一想到家中的母亲，他又立刻振作起来，向老翁说："我就是拼死，也要把它取回！"老翁笑道："只要你肯拼命，办法总会有的，听说那山的北坡有个天梯，你能找到它，顺着天梯而上，在天梯的尽头就是那灵芝生长之处。"杜郎听罢连连向老翁道谢，匆忙告别，三步并做两步奔出他的家门。背后一道电闪雷鸣，杜郎回首望去，那老翁和他的住处已经无影无踪。

"难道这位老翁就是常现此地的天龙？听说他经常来往于天上人间，在这里战邪恶，助农耕，探民情，扶众生……"。

杜郎哪顾细想这些，一路艰辛来到华山脚下。他忘却了一身劳累，只顾按照老翁的描述在大山根下寻觅那天梯。找来找去看不见天梯的踪迹，眼见天色快要黑了下来，杜郎无奈地坐在大青石上发愣。绝望中，一根粗大的紫荆藤闪现在他的面前，杜郎心中一亮，攀藤而上，果然找到了那又惊又险的天梯。历经七七四十九天的磨难，杜郎终于取回了灵芝草，真的治好了母亲的病。

一次天龙奉命升天议事，闲暇之余向天女们讲起人间杜郎的故事。天宫虽好哪里寻得如此人间真情，杜郎的事深深地打动了一位天女的心。她早已厌倦了天宫的清规戒律，向往人间的好光景。这位天女正是天龙的妹妹。她悄悄地把哥哥拉到一边，执意要哥哥带她与杜郎一见。天龙顺口应允下来。

再说天女本来就已钦佩杜郎的人品，那次见了杜郎的英俊容貌，更是一见倾心，回到天宫，一直神魂不安，坐卧不宁。过了些日子，天女自觉相思之苦实在难熬，就向天龙诉说自己的衷肠，并说非杜郎不嫁，否则宁愿了却此生。天龙听罢吓了一跳，自感担当不起，不得不向玉帝王母禀报。玉帝王母大怒，立刻把天女关了起来。一阵风风雨雨过去，毕竟是自家儿女，玉帝见天女无可救药，便下令将其贬为凡人，命其永世不得返回天宫。

那年5月，天龙送妹妹出"家"，实在觉得这天规有些太残忍。他两手空空没有什么送给妹妹，寻来寻去，便想到蟠桃园里摘几个桃子给妹妹饯行。走到近前，园里看守严密，天龙没能如愿。眼看时辰已到，他慌忙之中在园外的一棵天果树上顺手掐下一枝，对妹妹说："哥哥无能为力，这天宫的器物又动不得，只能用这一小树枝作为哥哥对你的陪嫁。"说着，兄妹二人不由落下泪来。

天龙送妹妹下到凡间与杜郎完婚，杜郎一家甚为惊喜。四邻八舍的乡亲见到杜郎与如此天仙般的美女相配，高兴极了，纷纷以财物相助，有的还搬来了自家酿制的杜果美酒前来贺喜。大家手舞足蹈，张罗着让一对新人拜了天地。轮到迎接陪嫁的时候，那天龙化作一普通男子作为新娘的哥哥，手里只拿了一个小小的树枝站在大家的对面，场面非常尴尬。到底还是那位年长的执事见多识广，解除了这种难堪场面，他说："千里送鹅毛，礼轻情意重嘛，乡亲们快它接过来，说不定明年会长成大树来呢。"在执事的主持下，乡亲们郑重地接过那天果之枝，转身递给了杜郎。为了让它成活，天女想出办法，让人用刀在院里的杜果树上劈了道缝，把它夹在树桩上。让它吸吮着杜果树的汁水成活起来。人们就用这种方式庆祝了这对美满姻缘。天女与杜郎相亲相爱，家中二老看在眼里喜在心中，虽然日子还有些清苦，但是一家和和睦睦，那高兴劲就甭提了。

再说，那天果之枝插在杜果树上，不但成活了，而且长得格外茂盛，一天一个样子。来年春风吹过，枝上开满了洁白如玉的花朵。人们都说它多像天女的心灵一样洁白无瑕。叶绿花谢，树枝上挂满了神奇的仙果，到了中秋，杜郎一家请来乡亲团聚，大家一起品果赏月，人们吃到这甘如醴醪的仙果连连称道。以后的年月，在杜郎与天女的倡导下，大家把这天果枝芽照着当初的样子接在周围的杜果树上，在这里培育出了大片大片的果园。

一年秋天，造字的仓颉顺河走访，迈步走进这蒙蒙的果园，看这累累的果实，品这醉人美味，不禁为此惊喜。字圣来了，人们围拢过来，请他给这果树取个名字。仓颉仔细查询了这果树的来历，坐在地上寻思了半天才说道："天上的禾没有落地生根的本领，用刀把它接在地下的木上才有了这种树，此乃天、地、人之神工所至。这一'禾'、一'刀'、一'木'就应是个'梨'字"。随即，他教着大家把这个"梨"字比划下来。自家的果子有了个顺畅的好名字，叫做梨，大家高兴地奔走相告，从此，梨和梨树的叫法才兴了起来。人们没有忘记那土生土长的杜果树为此立下的大功，也随着把它称为杜梨树。摘下的梨果放在那里，黄澄澄的活像一只只昂首向天的小肥鸭子，后来便有了鸭梨的叫法。大家把这美味仙果扬之千里，以果易粮易物，使得这一带的人们过上了富足的好日子。

百年之后，那天女最终还是没有升天，与杜郎一起安息在他们辛勤劳作的梨园里。斗转星移，人们对天女的那份情谊没有动摇，为了纪念她的功德，大家都习惯地在各自的梨园里建起一座小庙，把天女俸为"梨花奶奶"请在那梨园里。每逢鸭梨收获，细心的长辈总会挑上几颗成色最好的大鸭梨摆在庙前的供桌上，请天女首先品尝。那些年逾古稀的老妪还要恭恭敬敬地上一炷香，跪在她的面前如拜先姚似的用些家常话向她念叨几句。

第二节　栽培起源与发展历程

一、起源与发展历程

三国时期，魏县为京畿，距魏都近在咫尺。《魏文帝诏》中有"御梨大如拳，甘如凌"的记载（图2-1）。

《三国志·魏志·郑浑传》：郑浑任魏郡太守时，辖地百姓以缺乏树木为苦，于是他督促百姓种植榆树做外围，内围种植各种果树。梨为五果之首，在当时广为种植。

图2-1　《魏文帝诏》

明代魏县归大名府管辖。正德《大名府志》中记载："宋吕夷简时旧有梨树数千，又植桃树数千"（图2-2）。

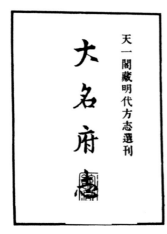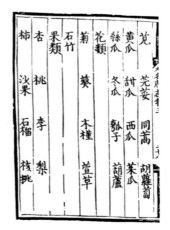

图2-2　《大名府志》

清《魏县志》载康熙十一年（1672年），知县毛天麒游魏县时曾写下诗句"长林响梨叶，秋光遍原埠。"《魏县志·风俗》载："魏有康颊之遗教，人多质直，其终岁勤动，大抵力树，梨熟则远趋江南之利，团迎树荫，税粮丰田此出，而孀居嫠妇仰事，哺育尤赖之。"表明当时魏县已成为远近闻名的鸭梨之乡。

清·光绪碑为清光绪年间所刻，原位于魏县魏城镇马于村，碑通高1.85米。碑文中"知森林为无穷之利益，故於梨园果木大为栽种"的记载。此碑是魏县发现最早的有关梨树种植的碑文（图2-3）。

图2-3　清·光绪碑

民国时期，兵匪割据，果品销路不畅，150千克梨换不了3千克米，鸭梨种植面积随之减少。日军入侵魏县后，修堡筑围，果园惨遭破坏，仅魏城镇、东代固乡周围就被日军用于修炮楼砍掉上千亩果园。据1949年统计，全县仅剩果树800公顷，其中，鸭梨只有600公顷。

二、梨园新春

新中国成立后，党和政府高度重视果树生产，发放果树贷款，调整粮果比价，推广先进技术，使果树生产得到较大发展。在20世纪50—60年代，魏县鸭梨生产先后出现 2 次高峰；改革开放后，随着家庭联产承包责任制的施行，魏县鸭梨种植业进入空前发展期；进入 21 世纪，在政府的支持和领导的关怀下，魏县鸭梨生产渐走入产业化发展道路，鸭梨品质大幅提高，获得多项殊荣。

新中国成立以来魏县梨树种植历史大事记。

（1）20 世纪 50 年代开始，魏县广大科技工作者积极探索和实践提高鸭梨品质新技术，鸭梨品质不断提高。

（2）1959 年，魏县鸭梨以"天津鸭梨"的名义出口，远销亚、欧、美等洲的 20 多个国家和地区。

（3）1966 年，开始全面推广鸭梨人工授粉。

（4）1966 年，"文化大革命"开始后，大片新植果树被迫刨掉，进入果树栽培低潮。

（5）1986 年，县委、县政府实施"北果南移"工程。

（6）1993 年，9 月 13 日魏县鸭梨主产区数万亩即将上市的鸭梨遭受了暴风雨和冰雹袭击，损失惨重。

（7）1995 年，魏县正式被国务院命名为"中国鸭梨之乡"。魏县鸭梨在全国果品鉴评会上，被评为鸭梨品系第一名。

（8）1997 年，推广开心型树形改造技术、鸭梨无公害栽培技术、使用腐殖酸微生物肥料，鸭梨品质大幅提高。

（9）2001 年，魏县精品鸭梨注册了"魏州"牌天仙精品鸭梨商标。

（10）2004 年，建成 666.67 公顷鸭梨出口基地。

（11）2007 年 10 月 22 日，国家质检总局批准对魏县鸭梨实施地理标志产品保护。

【参考资料】魏县鸭梨国家地理标志保护产品标志

第三章　梨品种图说

第一节　魏县梨地方品种

1. 魏县鸭梨

品种来源：魏县鸭梨又名鸭嘴梨，古安梨。集中产于河北省南部、山东省北部、辽宁省西部，是我国最古老的优良品种之一。魏县鸭梨栽培已有近 3 000 年的历史，适宜的土壤、气候条件，孕育了魏县鸭梨独特的品质，魏县鸭梨以个大皮薄、色艳肉细、核小渣少、酸甜适宜、果型端正而享誉海内外，著名的"天津鸭梨"就主产于魏县（图 3-1）。

图 3-1　鸭梨中冠树丰产树形

果实性状：果实中大，一般单果重200～240克。果实倒卵圆形，果肩一侧鸭头状突起。果梗细长，常弯向一侧，基部肉质化，脱萼，梗洼深广。采收时，果面绿黄色，贮后黄白色，果皮薄，果梗附近有锈斑，果点小而密，果实美观；果心小、果肉白色、肉质特细而脆嫩，汁多味甜，可溶性固形物11%～13%，有香气，石细胞极少，品质上。果实9月中下旬成熟，较耐贮藏，可贮藏至翌年2—3月（图3-2）。

图3-2　鸭梨果实

栽培习性：成龄树树势健壮、树姿开张。萌芽力高，成枝力低，短枝发育健壮，易形成短枝，并能形成一定数量的腋花芽。幼树结果早，一般3年开花结果，密植栽培4年进入丰产期。以短果枝结果为主，连续结果能力较强，花序坐果率较高，丰产稳产（图3-3）。

图3-3 鸭梨丰产枝

栽培要点：对水肥条件要求较高，宜在沙质壤土栽培。鸭梨自花不实，需配授粉树，适宜授粉品种有魏县红梨、魏县大白面梨、早酥梨、早酥红梨、砀山酥梨、雪花梨等。鸭梨树冠中等大小，为实现早结果、早丰产的目的，应实行密植栽培，一般密植园亩植44～83株，栽植株行距为2米×4米，2.5米×4米、3米×5米等模式。高密植栽培园亩植167～191株，栽植株行距为1米×3.5米、1米×4米，或采取团状栽培模式（每团3株），(1.2米×1.2米)×3米×5米、(1.2米×1.2米)×3米×4米，亩植树分别为133株和167株。鸭梨结果树在连年丰产高负荷时，树势易衰弱，并易出现大小年结果现象，所以，成龄丰产园要加强肥水管理,控制产量,保持树体健壮。

鸭梨是魏县的主栽品种，栽培面积最大，是老果区的主要收入来源。从 2000 年开始，对鸭梨产业进行改造提升，从无公害精品鸭梨生产入手，并向绿色果品生产进军。2001 年注册了"魏州"牌天仙精品鸭梨商标，先后被国家林业局命名为"中国鸭梨之乡""全国经济林建设先进县"，河北省林业局命名的"河北省优质梨生产基地县"，2007 年通过被国家质检总局"地理标志产品保护"认证，对魏县鸭梨生产、经营和技术创新给予了充分的肯定。

为了保持这一优良品种持续发展，魏县林业局、林业技术推广站的科技人员连续进行了 8 年的鸭梨变异品系的选优攻关，最终选出了"美香鸭梨""特大鸭梨"和"金丰鸭梨"3 个变异品系，于 2012 年 2 月通过了省级鉴定，鉴定成果达到了"国际领先水平"。

2. 美香鸭梨

品种来源：1991 年从西南温村许长云果园内一棵 60 年生的鸭梨树上发现的枝变，后经林业局原果树站站长张丙昌同志收集该接穗嫁接试验，仍保持了变异特征。进入 21 世纪以来，有魏县林业局正高级工程师刘振廷等同志组成了"鸭梨变异品系筛选试验"课题组，把本县发现的 5 个芽变品系和引进的一个芽变品系收集在一起，以鸭梨为对照，对 7 个品系进行对比筛选试验研究，历经 10 余年，最终筛选出 3 个鸭梨品系优良变异品种，美香鸭梨为其中一种。其生长结状况及树势与鸭梨一样，除保持了鸭梨的优良性状外，果实在 4 个方面产生了变异：一是果点稀，只有鸭梨果点的 13.4%，比鸭梨果点减少了 86.6%，因果点稀少而增加了果实外观的美观感；二是香味浓于鸭梨，特别是贮藏后香味更浓郁；三是果肉更细嫩无渣，鸭梨的果肉是暗白色，而美香鸭梨的果肉为乳白色，十分鲜嫩；四是成熟期延迟 7 天左右，因而又增加了耐贮藏性。总之，该变异品种是将来鸭梨发展的更新和补充，有望代替鸭梨，发展前景广阔（图 3-4、图 3-5）。

图 3-4　美香鸭梨——主枝丰产状

图 3-5　美香鸭梨丰产枝、果形及外观

　　果实性状：果实中大，平均单果重 220 克，果点稀少（是鸭梨果点数的 13.4%），外观及漂亮，果肉乳白色，洁白细腻（比鸭梨更白更细），香味浓郁，贮藏后，香味更浓，甜酸适口，成熟期比鸭梨晚 7 天左右，可溶性固形物含量 12.7%，比鸭梨高 1.7 个百分点。其他性状与鸭梨相同。

　　栽培习性：树势强健，树姿开张，萌芽力强，成枝力弱，短枝发育健壮，易形成花芽，并有一定的腋花芽结果能力。幼树结果较早，一般 3 年开花结果，高密栽培，4 年进入丰产期。以短果枝结果为主，连续结果能力很强，丰产稳定。自花结实能力较低。

　　栽培要点：适宜在沙质土壤上栽培，对肥水要求条件较高。美香鸭梨自花结实率很低，需配置授粉树，经魏县林业局黄国玺等人进行的多组合授粉试验，与鸭梨授粉较好的是魏县红梨和白面梨，据其他资料介绍适宜授粉品种还有早酥梨、早酥红梨、砀山酥梨、雪花梨等。高密栽培，可采用行状栽植和团状栽植2种栽培模式。

（1）行状模式。1米×3米、1米×3.5米、1米×4米等，亩植株数分别为222株、191株和167株。

（2）团状模式。（1.2米×1.2米）×3米×4米、（1.3米×1.3米）×3米×5米等，亩植株数分别为167株和133株。高密栽培需要在高水肥管理的条件下进行，要控制产量，亩产控制在3 000～4 000千克，保持树体健壮。抗寒力较强，但偶尔有少量花芽冻害，花期有时遭受晚霜危害。

3. 金丰鸭梨

品种来源：由魏县林业局"鸭梨变异品系筛选研究"课题组从6个变异品种中筛选并命名的鸭梨优系，最早由前闫庄村民魏同林在自家梨园的一株芽变，后经林业局张丙昌等同志收集该品种进行高接试验，表现较好，又经课题组进行10余年的筛选试验研究，自花结实率达到了50%以上，该品种于2012年2月通过省级鉴定，鉴定成果达到国际先进水平（图3-6）。

图 3-6　金丰鸭梨结果树

　　果实性状：平均单果重 228 克，果肉白色，果实卵圆形，果梗长，基部肉质、鸭突明显、酸甜适口、香气浓郁、成熟期 9 月中下旬，含可溶性固形物 11%，较耐贮藏，品质上。其他性状同鸭梨。

　　栽培习性：树势健壮，树姿开张。萌芽力高、成枝力低，能形成一定腋花芽。幼树结果早，一般 3 年开花结果，密植栽培 4 年进入丰产期。以短果枝结果为主，连续结果能力强，花朵坐果率高，丰产稳产。

　　栽培要点：对肥水条件要求较高，宜在沙质土壤上栽培。金丰鸭梨自花结实能力较强，但花粉与其他品种授粉效果不佳。因此，金丰鸭梨建园时一定要建纯园，不要当授粉树配置，以免造成不必要的减产。该品种自花结实率高，应及时疏花疏果。挂果过多，负载量大时，树势易转弱，出现果实变小，品质变差。成龄丰产园一定要加强肥水管理，特别是密植栽培，亩植树在133～250株的梨园，更应做到集约化管理，控制产量、提高质量，保持树势连年健壮。金丰鸭梨栽培模式与鸭梨相同，高密栽培时，可采取行状栽培，也可以采取团状栽植。具体栽培模式与密度同鸭梨（图3-7）。

图3-7 金丰鸭梨结果枝及果实外观

4. 特大鸭梨

品种来源：由魏县林业局"鸭梨变异品系筛选研究"课题组从6个变异系中筛选出的优良变异品系，并命名为"特大鸭梨"。1985年在魏县前闫庄村魏国海梨园内一株 22 年生鸭梨树上发生的芽变，当时魏国海发现，林业局原果树站站长张丙昌从芽变的枝上剪取接穗嫁接在自家的梨树上，又经"课题组"收集所有芽变品系集中进行筛选试验，而选出并定名（图 3-8）。

图 3-8　特大鸭梨初结果树结果状

　　果实性状：果实特大，平均单果重 516 克，果点中等而密，果梗长，鸭突明显，萼片脱落。果肉白色，酥脆多汁、香味浓。果皮薄，成熟时绿黄色，套袋果黄白色。果实 9 月中旬成熟，比鸭梨早成熟 5～7 天。耐贮藏，常温可存 2 个月，冷藏可贮至翌年 5 月（图 3-9）。

　　栽培习性与栽培要点同鸭梨。

图 3-9　特大鸭梨果形及外观

5. 大鸭梨

品种来源：1970 年魏县西代固村王老三在自家梨园内一株 50 年生鸭梨树上发现的芽变，有较强的自花结实能力，可与鸭梨授粉，或作为其他品种梨的授粉树。经嫁接后，仍保持变异后的特征。

果实性状：果实大型，平均单果重 248 克，果实阔卵圆形，果点中多，果梗周围果锈较大。果梗长，基部肉质，果皮薄，有裂果现象。果肉白色，汁液特多，口感酥脆，可溶性固形物 12% 左右。较耐贮藏，但不耐运输，因果皮薄、装箱、装车挤压，会影响果实外观质量（图 3-10）。

图 3-10　大鸭梨中冠形丰产状

　　栽培习性：幼树直立，枝条粗壮，叶片明显大于鸭梨树叶片。进入盛果期后，树势健壮，树姿开张，萌芽力中等，成枝力弱，有腋花芽结果能力。花粉量大，有自花结实率达 41.6%，并可作为其他梨品种的授粉树，其他栽培习性同鸭梨（图 3-11）。

图 3-11　大鸭梨结果状及果形外观

6. 金脆鸭梨

品种来源：由魏县林业局果树站原站长张丙昌从梨实生苗中选出的子代品种。经采接穗嫁接后，结出的果实与鸭梨相似。后经魏县林业局"鸭梨变异品系筛选研究"课题组试验结果证明，是一个结果良好、外形很像鸭梨的子代品种（图 3-12）。

图 3-12　金脆鸭梨结果枝

果实性状：果实中大，平均单果重 228 克，鸭突明显，果实卵圆形、果点小而密，果梗长，基部略有肉质，萼片脱落。果肉白色，肉细脆多汁，有香味。果皮薄，成熟时绿黄色，套袋果黄白色。果实 9 月中旬成熟，可溶性固形物含量 11%。耐贮藏、在常温下可贮存 3 个月以上，冷藏可贮藏至翌年 7 月（图 3-13）。

图 3-13 金脆鸭梨果实

栽培习性：幼树生长较直立，主干或主枝上易形成针刺状的短枝。与杜梨树上分枝相似。进入结果期后，树姿开张，树势强健，针刺状分枝减少。易形成腋花芽，连年结果能力强。易在沙质壤土地上建园，对肥水条件要求较高。应控制产量，保持树体健壮。该品种自花结实率低，可用鸭梨、红梨、早酥红梨等与之授粉。

7. 魏县红梨

魏县红梨是魏县独有的古老地方品种，外地区、外省无栽培，其种植历史悠久，至迟应始于三国魏黄初年间（220—226 年）。红梨果功效奇特，既可鲜食，又可加工，医疗保健作用明显。但是这一历史遗产目前并未真正挖掘出来，它的独特功能除在现有小范围销售区外，还鲜为人知。为了全面了解红梨，挖掘历史遗产、发展红梨产业，魏县林业局"红梨选优及配套栽培技术研究"课题组，在2007—2008年利用2年时间，对红梨进行专题调查和开展选优工作，又经过多年的配套栽培技术研究，最终选出10株红梨优良单株和相对应的配套栽培技术，并于2014年12月通过了省级成果鉴定，研究成果达到了国内领先水平。2015年获邯郸市科技进步奖二等奖。这一成果的取得，为魏县红梨优良性状的保持和可持续发展奠定了科学基础（图3-14）。

图3-14　高位改接魏县红梨结果状

魏县红梨栽培现状：魏县果树栽培面积 20 万亩，果品总产 25 万吨，其中，红梨折合面积 1 000 亩，多为零星分布，占全县果树总面积的 0.5%，产量 2 000 吨，平均亩效益在 1 万元左右。2006 年 11 月，魏县选送的红梨在中国·河北（邯郸）第三届国际特色农业精品展销会上被评为"银奖"。2006 年 12 月，魏县玉堂果品科技开发有限公司选送的红梨被河北省林业局、河北省果树学会评为"河北省首届名优果品展评会铜奖"。目前，魏县红梨栽培面积正在稳步增加，栽培管理水平逐步提高。

魏县红梨的保健作用及药用价值：红梨果中含有丰富的果糖、葡萄糖、苹果酸等有机酸、蛋白质、脂肪、钙、磷、铁及胡萝卜素、硫胺素、核黄素、尼克酸、抗坏血酸等多种维生素。相传，唐朝名相魏征给母亲治痨病，就是吃魏县红梨得于痊愈。据天津人民出版社出版的《家庭食疗手册》一书中记载："有一年冬，魏征母亲患严重的咳嗽病，虽有名医良方，老太太因良药苦口而一概不肯服用。延误之久，病情日重，正无计可施之时，魏征忽然想到其母平时爱吃梨，便投母所好买来许多梨，将治咳嗽药磨成粉与梨、冰糖共煮成膏。其母服后，十分喜爱，膏尚未尽，病已痊愈。"魏征故里是河北馆陶县人，距魏县红梨种植老区仅有 40 千米，故此推测，魏征给其母亲买的梨应是魏县的红梨。千百年来，魏县周边县，尤其是河南省的安阳、濮阳、新乡、郑州等地区的广大城市、农村都有熟食魏县红梨的传统习惯。冬季、早春老年人赶集上店，魏县红梨是必购之物，有的直接在商贩煮好的红梨摊前吃，有的买鲜红梨拿回家去给老人煮熟吃（图3-15）。

图3-15　魏县红梨果实

魏县红梨性凉味甘微酸，入肺、胃经，能生津润燥，清热化痰，民间有"生者清六腑之热，熟者滋五脏之阴"的说法。生吃红梨能明显解除上呼吸道感染患者所出现的咽喉干痒痛、声音嘶哑、疮疡、烦渴思饮以及便秘尿赤等阴虚、虚热症状；熟吃红梨可滋阴润肺、止咳祛痰，对嗓子具有良好的润泽保护作用。红梨还有保肝脏、助消化、增食欲、降血压及养阴、清热、镇静、解酒的作用（图 3-16）。

图 3-16　老红梨树更新复壮后结果状

魏县红梨深加工：可加工制成梨罐头、红梨汁、保健饮料、红梨脯、红梨糖浆、梨膏糖、酿酒等。但由于目前红梨栽培面积较少，总产量低，仅卖鲜果还供不应求，无原料进行加工。这充分说明魏县红梨缺口很大，还有很大的发展潜力。因此，只有大面积发展红梨，提供充足的资源，才能促进红梨加工业的兴起，才能做大做强红梨产业。

魏县红梨是鸭梨最好的授粉树：魏县红梨果形端正、果点小、果面光洁、果核较小、味酸甜、抗病力强，与鸭梨授粉效果最好。1986 年，魏县林业局组织科技人员采集了 14 个不同品种梨的花粉分别与鸭梨授粉，其中，红梨给鸭梨授粉结的梨果点稀小、果核小、果形端正、品质最佳。

果实性状：果实高桩卵圆形，平均单果重180克，最大450克。果皮黄褐色，果点暗、小而密、果梗长。果肉乳白色，汁液中多、石细胞少、味酸甜、稍有涩味，果心小，含可溶性固形物13%～14%，果实10月上中旬成熟，耐贮藏、耐运输。可贮藏至翌年5月，果不变形、不变质。

栽培习性：幼树枝条直立，进入结果期后树势中庸，树姿开张。萌芽力强，成枝力中等。改接的红梨树，第二年开始结果，第四年达到盛果期。苗木栽植后，第三年即可结果，结果初期以长果枝上形成的腋花芽结果为主，盛果期转为中短果枝结果为主。自花结实，座果率高，有连续结果能力。盛果期亩产2 500～3 000千克。

栽培要点：原栽培地区是魏县及漳河流域的沙质壤土区生长良好，有梨树生长的其他地区可引种试栽。适宜在疏松、肥沃的沙质壤土上建园。可建纯园，也可与鸭梨或其他效益较高的梨品种混栽，以提高经济效益。中密度建园以2米×4米，3米×5米，2.5米×4米为主，亩植株数分别为83株、44株和67株。高密度栽培以1米×3米，1米×3.5米，1米×4米为主，亩植株数分别为222株、191株和167株。

团状高密栽培（3株团）以（1.2米×1.2米）×3米×4米、（1.2米×1.2米）×3米×5米，亩植株数分别为

167 株和 133 株。中密栽培，树形以纺锤形或小冠疏层形为主，高密栽培的树形，以主干形为主。幼树期采取刻芽、拉枝，促早成形。该品种对农药比较敏感，用药不当，会造成叶片黄化或早期落叶，避免施用高毒农药，多施用生物农药、矿物农药或高效低毒低残留的农药。

8. 银白梨（直把香梨）

银白梨是河北省魏县古老品种，外地区、外省无种植。魏县东南温村有一棵古银白梨树，已有 300 余年，据该村村民介绍，此株梨树是明朝末年本村姓柴的庄主所植梨树所处的位置属当时柴家花园位置。至今仍枝叶繁茂，年产银白梨 250 余千克（图 3-17）。

图 3-17　银白梨古树 300 余年仍挂果累累

　　果实性状：果实中大，平均单果重 200 克，果实卵
圆形，萼洼浅，萼片宿存，果柄较直，外观似鸭梨，但
无鸭突，成熟果实金黄色，果点小而密，果皮薄，果面
光洁，无锈斑，果肉白色，石细胞少，酥脆多汁，香味
浓郁，可溶性固形物含量 12% 左右，风味甜，有香气。
果实 8 月下旬成熟，耐贮藏运输，常温下可贮藏 2 个月
左右，入恒温库可藏至翌年 5 月（图 3-18、图 3-19）。

图 3-18　银白梨果实

图 3-19　银白梨果形及外观

栽培习性：幼树生长旺盛，树姿直立，结果后树势中庸健壮，树姿半张开。萌芽力强，成枝力中等。幼树期以长果枝结果为主，盛果期以中、短果枝结果为主。丰产性一般，产量低于鸭梨，抗病力高于鸭梨。

因该品种产量较低，因此，栽培面积减少，目前只有零星栽植，无成片果园。但该品种含糖量较高，口感好，是一个杂交育种很好的资源，应建立梨资源园圃加以品种保护，否则，有绝种的危险。

9. 砘子梨

砘子梨是河北省魏县古老品种，外地区、外省无种植。砘子梨古树到处可见，如西南温、东南温、南温店、庞庄、蒿河下、前后罗庄、北张庄、东代固等村均有成片的砘子梨园，全县百年以上的梨树有上百株。明朝之前，砘子梨是魏县的一个主栽品种。但目前砘子梨作为鸭梨的授粉树栽植，已不是主栽品种（图 3-20）。

果实性状：果实中等大小，平均单果重 160 克，最大 320 克，果实扁圆形，因果形似农村种麦砘地用的砘子而得名。果点中大而多，果柄短而硬，萼洼浅，萼宿存，果实成熟黄褐色，有绿色斑块，果面粗糙，果肉白色，石细胞少，果核较大，酥脆多汁，可溶性固体物为 10.5% 左右，风味甜稍淡，无香味，果实 10 月上旬成熟，耐贮藏运输（图 3-21）。

图 3-20 砘子梨树形

图 3-21 砘子梨果实

栽培习性：幼树生长旺盛，树姿直立，结果后树势中庸健壮，树姿开张，萌芽力强，成枝力弱，幼树以长果枝结果为主，盛果期以中、短果枝结果为主，自花结实，丰产性好，有连续结果能力，在魏县是鸭梨的主要授粉品种之一。该品种果个小，核较大，果柄硬，遇大风易造成大量落果，果实品质稍差，因此，果农不作为主栽品种发展，只作为授粉品种适量发展（图3-22）。

图3-22　砘子梨结果状

10. 蒜臼梨

蒜臼梨是河北省魏县地方品种，以梨果形状很像捣蒜用的蒜臼，因而得名"蒜臼梨"。目前，只有零星分布，在西南温村、町上村，岸上村，刘田教等村曾有零星栽培，截至目前只见到町上村西梨园中尚存3株60年生树，该品种已处于灭绝状态,应采取措施加以保护（图 3-23、图 3-24）。

图 3-23 蒜臼梨树形

图 3-24 蒜臼梨果实

果实性状：果实大形，平均单果中 500 克，最大 1 500 克，果型为椭圆形，果柄中长、果点大而密、萼洼较深、萼宿存。果肉白色，肉质略粗，有少量石细胞，味甜微酸，含可溶性固形物 11.2% 左右。果实 9 月底成熟，成熟果实黄绿色，贮后金黄色，耐贮藏、运输（图 3-25）。

图 3-25　蒜臼梨果形及外观

栽培习性：幼树树势直立旺盛，结果后树势健壮，树姿半开张。萌芽力强、成枝力中等。幼树定植 3 年结果，以长果枝结果为主，盛果期树以中、短果枝结果为主。花序坐果率高，丰产。对土壤条件要求不严，但在肥沃的沙质壤土上生长最好。

11. 油秋梨

油秋梨是河北省魏县的地方古老品种，目前发现在魏城镇董河下村西南地有3株100余年生的油秋梨树，其他村庄尚未发现有栽培。该品种处于濒危状态，应采取措施加以保护。

果实性状：果实中等大小，平均单果重180克，果实卵圆形，果点小而密，果柄中长，萼深，萼宿存。果肉白色，石细胞少，味甜微酸，含可溶性固形物11%左右，品质中等。自花结实，坐果率极高，成熟期9月上中旬，耐贮藏、运输（图3-26）。

图3-26 古油秋梨树（150年）结果状

栽培习性：幼树直立，生长旺盛，进入结果期后，树势中庸健壮，树姿半开张。定植后3～4年结果，以长枝结果为主，结果盛期以中、短果枝结果为主。有腋花芽结果能力，丰产稳产，挂果过多时果个变小，应注意及时疏果。抗寒抗旱，抗黑星病能力强，是一个稀有品种（图3-27、图3-28）。

图3-27　油秋梨果实

图3-28　油秋梨丰产枝

12. 特大白面梨

特大白面梨是河北省魏县魏城镇西南温村一农民，在 20 世纪 80 年代购买梨苗定植果园中偶尔发现一株特殊品种。挂果后发现果实特大，产量极高，有自花结实能力。果实采收后 2 个月时间变面，口感很好，适宜老年人食用。故该株梨树取名特大白面梨。目前，有一些果农在其树上采接穗嫁接，在该村已有零星改接栽培（图 3-29）。

图 3-29 特大白面梨树形及结果状

果实性状：果实特大型，平均单果重 360 克，最大 700 克，果近似椭圆形，果点中大、中密，果柄较短，萼洼深，萼宿存。果肉白色稍粗，汁中多，果实 9 月中下旬成熟，采摘时口感硬脆，甜稍酸，自然存放 2 个月后，果实变面变松（图 3-30）。

图 3-30　特大白面梨果实

栽培习性：经观察，该品种幼树生长旺盛，直立枝条较多，进入结果期后，树势健壮，树姿开张，直立枝条变少，萌芽力强，成枝力中等。栽后 3 年结果，幼树长果枝结果多，盛果期中短果枝结果较多，该品种有自花结实能力，坐果率高，丰产稳产，抗旱抗寒，耐瘠薄能力均强，果实是适宜老年人食用的稀有品种（图3-31）。

图 3-31　特大白面梨丰产枝（套塑膜袋）

13. 白雪花梨

白雪花梨是河北省魏县地方古老品种，外地区外省无种植。目前，在魏城镇南温店西南地梨园中仅有一株100余年生的白雪花梨古树，在老果区其他村庄尚未发现有古树生存，也有果农从白雪花梨树上采接穗嫁接在自家的梨树上，有极少量的幼树分布，这一品种处于濒危状态，有绝迹的危险，应及时采取措施加以保护（图3-32）。

图3-32　白雪花梨古树及结果状

果实性状：果实卵圆形，形状很像鸭梨，但无鸭突，平均单果重200克，果点小而中多，果梗中短、近梨端稍肉质，萼洼深，萼片脱落，肉质洁白，石细胞少，酥脆多汁，酸甜适口，含可溶性固形物11%～12%，品质上。果实9月中旬成熟，采摘时果皮黄绿色，贮藏后变为金黄色，耐贮性好（图3-33）。

图 3-33　白雪花梨果实

栽培习性：幼树直立生长，树势旺盛，盛果期树转中庸健壮，以中短果枝结果为主，老龄树以短果枝结果为主，花序坐果率高，有连续结果能力，丰产稳产。南温店村一株百年老树，仍年年挂果累累，压满枝头。该品种抗寒抗旱能力强，耐瘠薄，抗病力强，是梨家族中一个古老稀有的品种资源（图 3-34）。

图 3-34　白雪花梨结果枝

14. 小红面梨

　　小红面梨是河北省魏县古老地方品种，外地区，外省无种植。历经几个朝代，有上千年的栽培历史。由于该果成熟后，酸甜适口，存放后变面有香气，很受果农的喜爱。在历朝历代的战乱期时和自然灾害侵袭时，该果就可当食粮拿来充饥，是救济了几十代人的生命之果。随着社会的发展，人民生活水平的不断提高，该果品已不再是生命之果而退居后方，因而栽培面积大幅度减少，在全县范围内的梨品种调查时，仅发现了一株残缺不全的古红面梨树，已处于灭绝的边缘。为持续魏县梨品种资源的多样性，就必须建立梨品种资源圃，把它永久地保存下来，以利于后人（图3-35）。

图3-35　小红面梨古树及结果枝

果实性状：果实圆形，端庄，果个较小，平均单果重 80 克左右，果点多，小而密，较明显，果皮黄褐色，果柄长而硬，萼洼浅，萼宿存，果成熟时果肉浅黄色，口感酸甜，稍有涩味，自然存放 2 个月后果肉变松，变面。稍有石细胞，是老年人爱吃的梨果（图 3-36）。

图 3-36　小红面梨果实

栽培习性：幼树生长旺盛、直立，大枝条多，结果后树势中庸、树姿开张，栽后 3 年结果。初果期以长枝结果为主，盛果期以短枝结果为主。该品种有自花结实能力，花序坐果率极高，极丰产，有连续结果能力。抗旱抗寒、耐瘠薄能力强，有一定的抗病虫能力。应作为一个调结构，增效益的品种适量发展（图 3-37）。

图 3-37　小红面梨结果枝

15. 小白面梨

　　小白面梨是河北省魏县古老地方品种，外地区、外省无种植。在魏县栽培有千年以上的历史，由于果实存放一段后变面，是果区灾年的食粮，也是老年人和小孩喜爱吃的果品。是遗留下来的宝贵遗产。但是由于该品种不能长期存放，销量受限，因此，不能规模发展。作为一个稀有品种，促进果品多样化，满足部分人群对特殊果品的需要，可适量扩大种植面积，也仍可得到较高的经济效益。目前，该品种属于濒危树种，应采取措施加以保护（图 3-38）。

　　果实性状：果实较小，平均单果重 80 克，果实圆形，果点较小较密，果梗长，萼洼小而较深，萼宿存。果实成熟时黄绿色，果肉白色，风味甜微酸，贮后 2 个月果皮黄色，果肉变松变面，老年人易食之（图 3-39）。

图 3-38 小白面梨树形

图 3-39 小白面梨果实

栽培习性：幼树树势强健，直立枝条多，长势旺盛，结果后树势变中庸，树姿半开张，以中短果枝结果为主。该品种有自花结实能力，花序坐果率极高，丰产稳产，有连续结果能力。抗旱抗寒，耐瘠薄能力强，抗病能力较强，可作为鸭梨的授粉树，在建设采摘园时可将此品种安排其中。果农可少量发展一些小白面梨园，迎合市场销售的需要，很可能有较高的经济效益（图3-40）。

图3-40　小白面梨结果枝

16. 大白面梨

大白面梨是河北省魏县古老地方品种，外地区，外省无种植，栽培历史悠久。该梨果成熟后，自然存放100天左右时，果肉变松变面，所以，又称它"100天面梨"（图3-41）。

图3-41　大白面梨树形及结果状

目前，大白面梨栽培面积很小，没有成片果园，在老果区有零星分布，在魏城镇的町上村、西南温、东南温村、南温店村，庞庄村、梁河下等村有零星单株，树龄在60年生以上的全县还有百余株，作为鸭梨的授粉树而保存下来，近几年很少有人新发展种植。该品种属于濒危树种，应采取措施加以保护。

果实性状：果实卵圆形，果个较大，平均单果重200克，果点较大而密，果柄较长而硬，萼洼窄而深，萼脱落，少有宿存。果肉白色，风味甜微酸，成熟果实黄绿色，自然存放后变为黄色，自然存放100天后，果肉变松软，变面。成熟期为9月中旬，存放变面时正值春节前后，是该果销售的最佳时期，老年人宜食之（图3-42）。

图3-42　大白面梨果实

栽培习性：幼树直立旺盛，树势强健，进入结果期后转中庸。幼龄期以长果枝结果为主，盛果期以中短果枝结果为主。该品种有自花结实能力，花序坐果率高，丰产稳产，而且是鸭梨极好的授粉树。经魏县林业局在20世纪80年代组合14种杂色梨花粉分别与鸭梨授粉，结果是红梨和大白面梨授粉结的鸭梨，果核小，果点稀，果肉细，果型端正等优点。该品种应作为鸭梨的授粉树或采摘观光园搭配栽培，适量发展（图3-43）。

图 3-43　大白面梨结果枝

17. 鸭鸭面梨

鸭鸭面梨是河北省魏县古老地方品种，外地区，外省无种植，栽培历史悠久。梨果成熟后，存放 2 个月果肉变松软，变面，个头略大于小白面梨，但鸭突明显，外形很像鸭梨，但个头比鸭梨小，肉质、口感与小白面梨、大白面梨相似。因鸭突明显，故名曰鸭鸭面梨。该品种目前没有成片梨园，在老果区有零星分布，全县大树保存下来的不过百株。魏县街道办董河下村西有 2 株百年以上的鸭鸭面梨古树。新植梨园未见有人种植，属濒临树种，如不加强保护，有物种灭绝的危险。因此，在县内急需建立梨品种资源圃，把这些濒危品种安排其中，加以保护，为子孙后代的品种选用和梨品种研究提供宝贵的资源（图 3-44）。

图 3-44　鸭鸭面梨古树

　　果实性状：果实较小，平均单果重 100 克左右。果点小而密，果柄较长，基部肉质。果卵形，有鸭突、萼洼浅，萼片脱落。果肉白色，成熟采摘时口感甜微酸，自然存放 2 个月后果肉变松软、变面。9 月上中旬成熟（图 3-45）。

图 3-45　鸭鸭面梨果实

栽培习性：幼树直立，生长旺盛，进入结果期后树势中庸健壮，树姿半开张。幼龄期以长果枝结果为主，进入盛果后以中短果枝结果为主。该品种自花结实能力强，花序坐果率高，丰产稳产，有连续结果能力，是鸭梨的授粉树，在发展新园时，可将此品种少量搭配，适量发展。也可获得较好的效益（图3-46）。

图 3-46　鸭鸭面梨结果枝

魏县古老品种还有红雪花梨、紫苏梨等，但现在已经绝迹。白砘子梨是砘子梨的一个变异品种，目前只有嫁接的果枝，无整株树，应采取措施加以保护。

18. 秋白梨

品种来源：原产河北省北部，新中国成立之前引入魏县，在老果区均有栽培，是鸭梨的优良授粉品种（图3-47）。

图 3-47　秋白梨树形

果实性状：果实中大，一般为 160 克左右，个头均匀，无特大果。果实长圆形或椭圆形。果皮黄色，有蜡质光泽，果实小而密，果实外形美观。果肉白色，质细而脆，多汁，甜味浓，含可溶性固形物 12% 左右，品质上。在魏县 9 月上旬成熟。果实耐贮藏，可贮至翌年 5—6 月。

栽培习性：幼树生长旺盛，树姿直立，结果后树势中庸健壮，树姿半开张，萌芽力强，成枝力弱。幼树以长果枝结果为主，盛果期以中、短果枝结果为主。丰产性一般，适应性强，耐旱、耐寒、耐瘠薄。抗风力差，易采前落果，易感黑星病（图 3-48）。

图 3-48　秋白梨果实

第二节　20 世纪引进的梨品种

1. 金坠梨

品种来源：由河北省石家庄果树研究所从鸭梨中选出的芽变品种。1988 年由林业局果树站长张丙昌从该所引进接穗，嫁接在自家的鸭梨树上。又经魏县林业局"鸭梨变异品系筛选研究"课题组进行筛选试验，表现良好，自花结实率达到 70% 以上（图 3-49）。

图 3-49　金坠梨结果树形

果实性状：果实中大、平均单果重 225 克，略小于鸭梨，果实卵圆形，鸭嘴比例低于鸭梨、果点中密且明显、果皮黄绿色，贮藏后变为金黄色。果肉白色、酥脆多汁。9 月中旬成熟，比鸭梨早熟 3 ～ 4 天，可溶性固形物11.7%,较耐贮藏、品质上。其性状同鸭梨（图3-50）。

栽培习性：对水肥条件要求较高，宜沙质壤土地上定植建园。金坠梨主要特点是自花结实率高，经花期套

图3-50　金坠梨结果枝及果实外观

袋试验、坐果率达到71%，因此应及时疏花疏果。挂果过多、负载量大时，树势易转弱，出现果实变小、大小不均、品质降低。进入丰产期的成龄果园，一定要加强肥水管理，特别是密植栽培、亩植树在133～250株的梨园，应控制产量、提高质量，保持树势连年健壮。其他栽培习性与鸭梨相同。

高密栽培可采取行状栽培，也可采取团状栽培。具体栽培模式及密度同鸭梨。

2. 早酥梨

品种来源：中国农科院果树研究所1956年用苹果梨×身不知梨杂交育成的品种，1969年定名。1980年引入魏县，在魏县老梨区均有栽培，多用于鸭梨的授粉树配置（图3-51）。

图3-51　早酥梨树形及结果状

果实性状：果个较大，平均单果重200～250克。果实卵圆形，果顶突出，果表面有明显棱沟，果皮绿黄色，具蜡质光泽，果点小、不明显，果梗较长，萼片宿存或残存。果核较小，果肉白色，肉质极细酥脆，汁较多，味甜稍淡，可溶性固形物含量10%左右，果实7月下旬成熟。较耐贮藏，室温下可贮存20天左右。

栽培习性：树冠较大，幼树生长直立，长势强旺，结果后变中庸，树姿半开张。萌芽力强，成枝力弱，幼树定植 3～4 年结果，极易形成短枝，以短果枝结果为主。自花结实力弱，需配置授粉树。坐果率高，丰产稳产，但结果过量树势易衰弱。有采前落果的现象，宜适当早采，分批采收。对气候和土壤条件适应性强，抗寒抗旱力较强。在梨栽培区均可栽培。该品种也是鸭梨较好的授粉品种（图 3-52）。

图 3-52　早酥梨果实

3. 黄冠梨

品种来源：河北省石家庄果树研究所育成的新品种，亲本为雪花梨 × 新世纪梨。20 世纪 90 年代初引入魏县，在老梨区进行高接换头改接成黄冠梨的园子较多，目前在老梨区均有栽培，已成为主栽品种之一（图 3-53、图 3-54）。

图 3-53 黄冠梨丰产园

图 3-54 黄冠梨果实

果实性状：果实特大，平均单果重246克，大着596克，果实椭圆形，高桩，萼洼浅，萼片脱落，果梗长，外观似金冠苹果。果成熟时金黄色，果点小较稀，果皮薄，果面光洁，无锈斑，外观极美。果肉白色，石细胞少，松脆多汁，可溶性固形物含量11.5%左右。风味酸甜适口，香气浓郁，果核小。果实8月上中旬成熟，较耐贮藏运输，常温下可贮放1个月左右（图3-55）。

图3-55　黄冠梨结果枝

栽培习性：幼树生长旺盛，树姿直立，结果后树势中庸健壮，树姿半开张。萌芽力和成枝力均强。幼树期各类果枝均能结果，结果盛期以短枝结果为主。早果性极强，坐果率高，极丰产稳产，定植后2年见果，密植园3年丰产，4年进入盛果期。高接后第二年可腋花芽结果。需配置授粉树，南北方均可栽植，抗病性极强，尤其是高抗黑星病。

4. 绿宝石梨

品种来源：中国农科院郑州果树研究所王宇林教授用日本新世纪梨做母本，我国早酥梨为父本，杂交育成的早熟新品种。山东农业大学罗新书教授引至临淄，表现出早果、丰产、优质。1998 年鉴定，暂定名为绿宝石梨。20 世纪 90 年代末引入魏县，现有高接换头的绿宝石梨嫁接园，在全县果区均有分布，但栽培面积较小（图3-56）。

图 3-56　绿宝石梨园

果实性状：果实近圆形，绿色至黄绿色，果点小而密。平均单果重 260 克，大者可达 550 克。可溶性固形物含量 13% 左右，风味甜，品质上。果肉黄白色，肉质细嫩，果核较大。果实 7 月底 8 月初成熟，较耐贮运，在常温下可贮至 1 个月品质不变，贮存 2 个月，果实稍有皱皮，肉质变松（图 3-57）。

图 3-57　绿宝石梨果实

栽培习性：幼树生长旺盛，树姿直立，进入结果期后，树势中庸强健，萌芽力高、成枝力低，高接后易成形。早果性好，丰产性强，有一定自花结实能力，腋花芽结果能力强，大树改接后，第二年结果成串。适生性、抗逆性均强，适栽范围广，抗病力强，抗轮纹病、黑星病、缩果病能力均强，抗蚜虫，对梨木虱有较强的抗性。

5. 巴梨（香蕉梨）

品种来源：原产英国，1770 年由韦勒（Wheeler）在波克斯（Berkshive）地方发现，系自然实生苗，1871 年自美国引入山东烟台。20 世纪 70 年代引入魏县，在魏城镇、东代固镇、棘针寨乡等老果区均有栽培。
1986—1990年魏县北果南移时期，该品种在漳南新果区
有零星栽培。目前，栽培面积很小，没有成片巴梨果园，
只有个户零星栽植（图3-58）。

图3-58　巴梨树形

　　果实性状：果实较大，平均单果重200克左右。果
实为粗颈葫芦形，果梗较短，果面深绿色，凹凸不平。
采收时，果皮黄绿色，贮后黄色，阳面有红晕。弱树红
晕明显，果面较光滑。果肉乳白色，采后经1周左右后
熟最宜食用。果肉柔软，宜溶于口，石细胞极少，味浓
香甜多汁，含可溶性固形物12.6%～15.8%，品质极上。
在魏县8月中下旬成熟（图3-59）。

图 3-59　巴梨果实

栽培习性：巴梨树势不稳定，幼树生长旺盛，枝条直立，呈扫帚状或圆锥状。萌芽力中等、成枝力较强、单枝生长量大。幼树一般 3～4 年结果，直立枝上的短枝需经 1～2 年的演化才能形成果枝，有腋花芽结果习性。枝干较软，结果负荷可使主枝开张，直至下垂。初结果期，树势健壮，以短果枝群结果为主，丰产潜力大。肥水不足、树势衰弱时产量下降。易受冻害，易感腐烂病，造成寿命缩短，丰产年限不如白梨系统（图 3-60）。

图 3-60　巴梨结果枝

6. 红巴梨

品种来源：美国品种，系巴梨的红色芽变。山东省果树研究所 1987 年 4 月自澳大利亚引入我国。魏县林业局刘振廷 1996 年从山东临朐"国际果树试验站"购买接穗，进行高接换头，在张二庄镇东普安，魏城镇的王营和沙口集乡的南北拐等村改接此品种较多，在老、新果区均有零星分布（图 3-61）。

图 3-61 红巴梨树形

果实性状：果实较大，平均单果重 208 克，大果达 374 克。果实粗颈葫芦形，果梗粗短，萼片宿存，果面凹凸不平。果皮自幼果期即为褐红色，成熟时果面大部分呈褐红色。果点小而密，果肉白色，可溶性固形物含量 12.5%。采后 10 天左右，果肉变软，易溶于口、味浓甜、品质上。在魏县 9 月初成熟，不耐贮藏，常温下可贮存 20 天左右（图 3-62）。

图 3-62　红巴梨果实

栽培习性：红巴梨适应性强，树势强旺，萌芽力、成枝力均强，幼树树姿直立，结果后树姿开张，长势较巴梨强。以中短果枝结果为主，有一定自花结实能力。幼树成花结果早，丰产，栽后 4 年进入初果期。易感腐烂病，应加以防治（图 3-63）。

图 3-63　红巴梨果形及外观

7. 早红考蜜斯梨

品种来源：来自于英国的早熟、优质西洋梨品种。山东农业大学罗新书教授于 1979 年引入山东省。魏县林业局刘振廷于 1996 年从山东泰安引入魏县，在张二庄镇东普安、魏城镇王营等村有改接此品种。在老果区有零星改接大树。2013 年春，邯郸启荣生态果品有限公司，在仕望集乡张街村东建设的采摘园中，有早红考蜜斯品种栽培（图 3-64）。

图 3-64　早红考蜜斯梨树形

果实性状：果实粗颈葫芦形，果个中大，平均单果重 190 克，最大 280 克。幼果期果实呈紫红色，果皮薄，成熟时底色黄绿，果面紫红色，较光滑。阳面果点细小、中密、不明显、蜡质厚；阴面果点大而密、明显、蜡质薄。果梗粗短，基部略肥大、弯曲，梗洼小而浅。宿萼，萼片短小，萼洼浅，中广。果肉雪白色，半透明，稍绿，质细，酥脆，石细胞少，果心中大，可食率高。经后熟肉质细嫩、易溶、汁液多、具芳香、风味酸甜可口，品质上等。采收时可溶性固形物含量 12% 左右，后熟一周后，达 14%。果实常温下可贮存 15 天左右，在 5℃ 左右温度条件下可贮存 3 个月（图 3-65）。

图 3-65　早红考蜜斯梨果形及外观

栽培习性：树冠中大，幼树生长旺盛，树姿直立，盛果期后，树势中庸偏弱，树姿半开张。萌芽力高、成枝力强。结果早，花芽易形成。进入盛果期，以短果枝结果为主，部分中长果枝腋花芽也易结果。连续结果能力强，丰产、稳产。负载量过大时，树势易衰弱。自花不实，需配置授粉树。对肥水条件要求较高，该品种适应性广，抗寒抗旱。易感轮纹病、炭疽病等，抗干枯病（图3-66）。

图 3-66　早红考蜜斯梨结果枝

8. 大巴梨（葫芦梨）

品种来源：我国 20 世纪 80 年代末，从意大利引进，魏县林业局刘振廷于 1996 年从山东临朐"国际果树试验站"引入魏县。在张二庄镇东普安、刘田教进行高接换头，在魏城镇、东代固镇等老果区有零星改接，目前保留的单株很少（图 3-67）。

图 3-67　大巴梨结果枝

果实性状：果实个大，长葫芦形，平均单果重 265 克，大果重 520 克。果皮绿至黄绿色，果肉白色，肉脆细腻，甘甜，可溶性固形物含量 12% 左右；经后熟果肉细嫩、汁多、味甜、富香气、可溶性固形物含量 15% 以上。在魏县果实 9 月上中旬成熟，经 10 天左右完成后熟。

栽培习性：树势强健，顶端优势强，树势开张，较紧凑。以短果枝和短果枝群结果为主，结果后枝条易下垂。短果枝易形成，坐果率高，丰产稳产。自花不实，需配授粉树。抗黑星病，但轮纹病较重。

9. 八月红梨

品种来源：陕西省果树研究所以早巴梨 × 早酥梨育成的中熟脆肉红色新品种梨，1995 年定名。魏县林业局刘振廷于 1996 年从山东临朐"国际果树试验站"引进接穗，在张二庄镇的东普安、刘田教村，魏城镇的王营村、沙口集乡南北拐等村进行大树高接试种，表现良好，在魏县新老果区有零星分布（图 3-68）。

图 3-68　八月红梨初结果树

果实性状：果实较大，平均单果重 230 克，果实卵圆形，果形整齐，果面平滑，稍有棱起。果皮黄色，向阳面鲜红色，外形美观。果梗中长，梗洼浅，萼洼中深、中广，萼片宿存，果心中等偏小，果肉乳白色，肉质细脆，石细胞少，汁液多，味甜，香气较浓，含可溶性固形物 11.9% ～ 15.3%，品质上。果实 8 月中旬成熟。常温下可贮藏 15 天左右，恒温库可贮藏 3 个月。

栽培习性：幼树直立，树势强健，结果后逐渐开张。萌芽力强，成枝力中等，枝叶茂盛，小枝有扭曲生长习性。幼树以长果枝及腋花芽结果为主，成年树以中短果枝结果为主，坐果率高，有连续结果能力。该品种自花不实，需配置授粉树。嫁接苗栽后第3年开始结果，第5年进入丰产期，易获得早期丰产。抗黑星病、锈病与黑斑病，未发现腐烂病。对土壤要求不严，抗旱、抗寒力强（图3-69、图3-70）。

图3-69　八月红梨果实

图3-70　八月红梨果形及外观

10. 七月酥梨

品种来源：中国农业科学院郑州果树研究所1980年育成，亲本为幸水×早酥。1994年引入魏县，经试栽，表现较好，在魏县老果区、新果区均有零星栽培，未见有大片果园（图3-71）。

图3-71 七月酥梨初结果状

果实性状：果实卵圆形，整齐，平均单果重220克，果皮黄绿色，薄而光滑，贮后金黄色，果点小而密。果肉乳白色，肉质细、松脆多汁、石细胞少、果心小、可溶性固形物含量12%～14%，风味酸甜适口。果实7月上中旬成熟，不耐贮运，常温下贮放7天后色泽变黄，肉质变软（图3-72）。

图3-72 七月酥梨果形及外观

栽培习性：幼树生长旺盛，分枝较少，定植3年以后结果，进入盛果期树势变缓，以短果枝结果为主，不易形成腋花芽，丰产性一般。适应性强，抗旱、抗病性中等。易感褐斑病及轮纹病，降水量大的地区不易栽培。该品种极早熟、品质优，是目前我国成熟最早的大果型优良品种之一。

11. 早美酥梨

品种来源：中国农科院郑州果树研究所以新世界 × 早酥梨杂交育成。20世纪90年代引入魏县，目前在老果区和新果区有零星种植（图3-73）。

图3-73　早美酥梨结果状

果实性状：果实近圆形或卵圆形，平均单果重250克，最大540克，果面绿黄色，采后10天变鲜黄色。果点小而密，果梗中长，萼洼浅，萼片宿存。果肉乳白色，肉质细脆，石细胞少，汁多，风味酸甜适口，含可溶性固形物 11% ～ 12.5%。果实 7 月下旬成熟，不耐贮，常温下 20 天果肉变软（图 3-74）。

图 3-74　早美酥梨果实

栽培习性：幼树生长直立，树势旺盛，进入结果期后，树势缓和变中庸，树姿半开张。初结果期以长果枝结果为主，盛果期以中短果枝结果为主。较丰产，大小年现象不明显。该品种适应性强、抗旱、抗寒能力强，对土壤要求不严，但以土层深厚，肥沃的沙质土壤上生长最好（图 3-75）。

图 3-75　早美酥梨结果枝

12. 雪花梨

品种来源：河北省赵县的古老地方品种。该品种以果个大、糖分高、品质优而享誉国内外，市场售价较高，不亚于鸭梨。20世纪60年代引入魏县，在魏城镇、东代固镇、棘针寨乡等乡镇的老果区均有栽培，但主要是作为鸭梨的授粉树种植，未见成片大面积的雪花梨园（图3-76）。

图3-76　雪花梨树结果树

果实性状：果实长卵圆形或长圆形。果实大型，一般单果重250～300克，大果重1 000克以上。梗洼浅，有少量锈斑，萼片脱落，萼洼深广。果皮厚、绿黄色、果面稍粗，果点小，贮后果皮金黄色，具蜡质光泽，外形美观。果心较小，果肉白色，质硬脆、稍粗、汁液中度、味甜，含可溶性固形物12%，微香，品质上。果实9月上旬成熟，耐贮运，一般可贮存至翌年2—3月（图3-77）。

图 3-77　雪花梨果实

栽培习性：树冠中大，幼树生长健壮，枝条角度小，树冠扩大较慢，定植后 3～4 年开始结果，进入结果期树姿开张。发枝力、萌芽力均强，以短果枝为主，中长果枝及腋花芽也有结果能力。短果枝寿命短，果台抽枝能力差，连续结果能力弱，易形成大小年。自花不实，花序坐果率较低，多坐单果，采前落果较重，结果部位易外移。抗旱、抗涝性强，易受食心虫为害，应注意防治（图 3-78）。

图 3-78　雪花梨结果枝

13. 线穗梨

品种来源：原产山东昌邑县，为一地方古老品种。魏县林业局刘振廷与1996年从山东泰安引入魏县，经高接改品种，表现良好，后在张二庄镇的东普安、刘田教等村，仕望集乡陈庄等果区有高接果园（图3-79）。

图3-79 线穗梨结果树

果实性状：果实纺锤形、肩斜、果顶呈猪嘴状。大型果，平均单果重350克，大者600克。果皮薄、黄绿色、果点较小，分布较均匀。果梗中长，梗洼小，较浅窄。萼片宿存或残存，萼洼浅，较广，洼周有突起。果肉白色，肉质细嫩，汁液较多，石细胞中多，酸甜爽口，含可溶性固形物10%～12%，品质中上。9月中下旬采收，耐贮存，可贮存至翌年2—3月（图3-80）。

图3-80 线穗梨结果枝

栽培习性：幼树生长旺盛，树姿直立。成龄树势健壮，树姿半开张，树体中大，枝条粗壮。自花不实，需配授粉树。定植后 3 ～ 4 年结果，以短果枝结果为主，坐果率高，丰产稳产。对光照和肥水条件要求较高。抗病虫能力较强，但易感梨黑星病。

14. 金花梨（4 号）

品种来源：四川省农科院果树研究所和金川县园艺场于 1959 年从金川雪梨的实生后代中选出，品系较多，以 4 号为优。由林业局王廷杰 1989 年从邱县明辉果园采接穗引入魏县。先后在东普安村、陈庄村等地进行高接试验，表现良好。在全县果区有零星栽植（图 3-81）。

图 3-81 金花梨结果状

果实性状：果实大，平均单果重 350 克，大果重 970 克，广卵圆形。果面光滑，果皮绿黄色，贮后金黄有光泽，果皮细薄，果点小、中多，外观美。果肉白色，石细胞较少，质细脆嫩、汁多、味浓甜、清香，含可溶性固形物 11.8%～16.8%，果心较小，香味浓，品质上。9 月下旬成熟，耐贮藏，可贮存翌年 3—4 月（图 3-82）。

图 3-82　金花梨果实

栽培习性：树势强健，紧凑半张开，萌芽力强，成枝力中等。幼树定植 2～3 年结果。以短果枝结果为主，花序坐果率高，丰产。自花不实，需配置授粉树。对气候和土壤条件适应性强。较耐寒、耐湿、抗旱、抗病虫能力较强，果实易受金龟子为害，注意轮纹病、锈病的防治。

15.砀山酥梨

品种来源： 原产安徽砀山，已有 400 余年的栽培历史，属沙梨系统。从 20 世纪 60 年代引入魏县，在老果区均有零星栽培（图 3-83）。

图 3-83　砀山酥梨结果树

果实性状： 果实大，平均单果重 250 克左右，大果达 550 克以上。果实近圆形、果梗长、萼片多脱落，梗洼和萼洼均较深广。果皮浅绿色，贮后黄白色，果面不平。果点小而密，果皮薄、果心较小。果肉白色，石细胞多而大，肉质稍粗，质酥脆、味甜、汁特多，含可溶性固形物 12% ～ 14%，品质上等。9 月上中旬成熟，较耐贮藏，可贮至翌年 2—3 月（图 3-84）。

图 3-84　砀山酥梨果实

栽培习性：树冠中大，幼树生长势强，旺盛直立。成龄树树势中庸偏旺，冠大、半张开。萌芽力强，成枝力中等，以短果枝结果为主，连续结果能力强。自花结实率低，需配置授粉树。幼树 4 ～ 5 年开始结果，丰产、稳产。适应性强，抗病虫力较弱，应加强防治（图 3-85）。

图 3-85　砀山酥梨结果枝

16. 丰水梨

品种来源：日本品种，日本农林省果树试验站于
1972 年以（菊水 × 八云）× 八云杂交育成，是目前的
主栽品种之一。1976 年引入我国，20 世纪 80 年代引入
魏县，目前在新老果区均有零星栽植（图 3-86）。

图 3-86　丰水梨结果树

果实现状：果实圆形略扁，平均单果 200 ～ 250 克，
大果 752 克，宜重疏果，并进行套袋。果皮黄褐色、皮薄、
果面粗糙，有楞沟，果点大而多，萼片脱落。果梗粗短、
抗风。果肉白色、细嫩、特甜。采后果酥脆，贮后半溶
质，品质极上。含可溶性固形物 12% ～ 14%。抗黑斑病、
轮纹病、黑星病，易患水心病，缩果病（图 3-87）。

图 3-87　丰水梨果实

　　栽培习性：该品种土壤适应性强，较耐瘠薄，幼树生长旺盛，树冠半开张，萌芽力强，成枝力弱。幼树以腋花芽和短果枝群结果为主，并有中、长果枝结果能力。进入盛果期后，树势趋向中庸，以短果枝群结果。自花结实率高，连续结果能力强。幼树 3 年结果，第五年进入盛果期（图 3-88）。

图 3-88　丰水梨结果枝

17. 明月梨

品种来源：原产日本，杂交亲本不详。20 世纪 60 年代引入我国，经试栽表现良好，20 世纪 70 年代引入魏县，在魏城镇西南温、东南温、南温店、董河下、梁河下等村均有栽培（图 3-89）。

图 3-89　明月梨结果树

果实性状：果实较大，平均单果重 200 克。果点小而密，果梗中长，萼洼浅，果皮黄褐色，果面光滑，有光泽。果肉白色，风味酸甜适口，肉细汁多，品质上，含可溶性固形物 12% 以上，果实 9 月上中旬成熟。较耐贮藏，常温下可贮存 2 个月，恒温下可贮存至翌年 2—3 月（图 3-90）。

图 3-90　明月梨果实

栽培习性：幼树生长旺盛，树姿直立，进入结果期后，树势中庸健壮，树姿半张开。萌芽力强，成枝力中等，幼树有长果枝及腋花芽结果习性，盛果期以短果枝结果为主，也有中、长果枝结果。幼树定植后3年结果，5年进入丰产期，丰产稳定。抗寒、抗旱、抗病力较强（图3-91）。

图3-91　明月梨结果枝

18. 晚三吉梨

品种来源：原产日本新潟县，又名三吉梨，19世纪末从朝鲜引入我国胶东半岛。20世纪70年代引入魏县，目前在全县新老果区均有少量栽培（图3-92）。

图3-92　晚三吉梨结果树

果实性状：果实大型，平均单果重390克，大果500克以上。果实卵圆形，或近扁圆形，果肩斜，果梗粗长，梗洼窄浅，宿萼、萼洼浅广。

图 3-93 晚三吉梨果实

果皮厚，暗锈褐色，粗糙，果点大而密。果肉白色，质较细脆，致密，汁多味甜，石细胞少。含可溶性固形物11% ～ 16%，果心中大。初采时酸甜、微涩，经贮藏后味甜微香，品质中上。10月上旬成熟。极耐贮藏，通常条件下可贮藏至翌年4—5月（图3-93）。

栽培习性：树势中等，半开张，萌芽力强，成枝力中等，以短果枝结果为主。栽后3年结果，坐果率高，丰产稳产，适宜密植。适应性强，耐瘠薄，抗旱、抗逆性强，抗黑星病，但枝干易染轮纹病，应加强防治（图3-94）。

图 3-94 晚三吉梨结果枝

19. 爱宕梨（晚秋黄梨）

品种来源：原产日本，是日本冈山县龙井种苗株式会社推出的梨新品种，亲本为20世纪 × 今春秋，1982年被日本农林水产省种苗法认定为新品种。20世纪80年代引入我国，经试栽表现良好，1994年引入魏县，目前在全县新老果区均有栽培（图3-95）。

图3-95　爱宕梨结果枝

果实性状：果个特大，平均单果重415克，最大2 100克，果重350～500克者果型端正，过大者果形不正。果实多成扁圆形，果皮薄，黄褐色，果梗中粗、中长，梗洼深，萼片脱落，萼洼狭深。果肉白色，肉质松脆，汁多、味甜、石细胞少，可溶性固形物含量12.7%，品质上。果面较光滑，果点较小而中密。果实耐贮不易褪色，窖藏可贮至翌年5月（图3-96）。

图3-96 爱宕梨果实

栽培习性：树势强健，树姿直立，枝条粗壮。萌芽力高，成枝力中等，自花结实率72.5%～81.2%，花序坐果率82.1%。栽植当年即可成花，第二年开始结果，以短果枝和腋花芽结果为主，第四年可进入结果期，即丰产稳产。抗旱抗寒力强，抗干腐病和黑星病能力极强，果实在魏县10月上旬成熟。树体矮化，适宜密植，需防风。

20. 红香酥梨

品种来源：中国农业科学院郑州果树研究所用库尔勒香梨×鹅梨杂交选育而成，1994年，由魏县林业局刘振廷、黄国玺同志从郑州果树所购买接穗引入魏县，经高接试验，果实表现良好。1999年，魏县苗圃场又引进大量红香酥接穗大树改接100亩，目前全县新老果区均有改接和新定植的成片果园，已成为梨主栽品种之一（图3-97）。

图3-97　红香酥梨嫁接树

果实性状：平均单果重200克，最大508克，果实长椭圆形，果点小不明显，果梗长，萼片脱落。果皮光滑，果面2/3鲜红色，蜡质多，外观艳丽。肉细而酥脆，肉白色，果心小，香味浓，品质极上。可溶性固形物含量13%～15%。耐贮性好，常温下可贮两个月，恒温库可贮至翌年2—3月，该品种具有白梨的抗性和西洋梨的香味（图3-98）。

图3-98　红香酥果实

栽培习性：幼树生长旺盛，树姿直立，进入结果期后，树势中庸强健。幼树以长果枝结果为主，进入盛果期以中短果枝结果为主，有连续结果能力。定植幼树3～4年结果，第六年进入盛果期。高密栽培第三年结果，第四年进入盛果期，丰产、稳产，双果率及多果率极高，应注意疏果。抗旱、抗寒、抗黑星病能力强，未发现干腐病（图3-99）。

图3-99　红香酥梨结果枝

21. 新二十世纪梨（金二十世纪）

品种来源：系日本农林水产省西田光夫通过对二十世纪梨辐射诱变培育的抗黑斑病品种，1990年命名并发表。1998年由河北省林业技术推广总站提供少量接穗引入魏县，经高接试验，果实表现良好，并在全县新老果区试点推广，目前仍有少量栽培（图3-100）。

图 3-100　新二十世纪梨初结果树

　　果实性状：平均单果重 200 克，果实扁圆形，果皮淡黄绿色，贮后变为黄色，果点小，果面光滑，果梗粗而短。果肉白色，肉质细脆，汁多、甜味浓，含可溶性固形物 12% ～ 15%，石细胞较少，品质极上。在魏县 8 月中下旬成熟，较耐贮运，室温下可贮存 40 ～ 60 天（图 3-101）。

图 3-101　金二十世纪梨果实及外观

栽培习性：幼树生长旺盛，树姿直立，结果后，树势中庸偏弱，树冠紧凑。萌芽力高，成枝力弱，枝条较稀、粗壮、直立，宜密植栽培。自花结实率低，需严格配置授粉树。早果性强，栽后 3 年结果，大树改接后第二年可腋花芽结果。幼树长、中、短果枝及腋花芽结果能力均强，成龄树以短果枝结果为主。坐果率极高，丰产，但负载量过大树势衰弱，对水肥条件要求较高。抗黑斑病，但易感黑星病及轮纹病，应注意防治，果实易发生果锈，最好套袋栽培。

20 世纪引进的品种，除上述介绍的品种外，还引进了八云梨、0—1 号、五月先梨、早魁梨、五九香梨、玛瑙梨等品种，因栽培面积很小，不再一一解说。

第三节　21 世纪引进品种

1. 新世纪梨

品种来源：日本冈山县农业试验场园艺部用二十世纪 × 长十郎杂交育成，1945 年命名并发表。2002 年引入魏县，在魏县林业局原果树站长张丙昌自家梨园和梁河下蒿现章梨园及沙口集乡南北拐村有大树改接的梨园（图 3-102）。

果实性状：果实较大，平均单果重 250 克左右，外观美，果实扁圆形、整齐，皮色青绿，充分成熟时转黄绿色，果点较二十世纪明显。果肉黄白色，肉质硬脆、味甜，可溶性固形物含量 12% 左右，酸味低。果实 8 月中旬成熟，常温下可贮藏 2 周（图 3-103）。

图 3-102　新世纪梨结果状

图 3-103　新世纪梨果形及外观

栽培习性：幼树生长旺盛，顶端优势强，树姿直立，结果后树势强健，树冠紧凑。早果性强，定植后3年结果，幼果期长、中、短果枝均结果良好，腋花芽结果能力强，大量结果后，以短果枝结果为主，坐果率高，丰产稳产。自花结实力低，需配置授粉树。对肥水条件要求较高，适应性广，对黑斑病、黑星病抗性较强，果实易发生果锈。

2. 黄金梨

品种来源：韩国园艺试验场罗州支场用新高×20世纪杂交育成的新品种，1984年定名。2002年引入魏县，首先在魏县苗圃场进行大树高接数十亩，后来在全县新老果区均有高接改换品种的梨园（图3-104）。

图3-104　黄金梨结果树

果实性状：果实近圆形或稍扁，平均单果重 250 克，大果重 500 克，不套袋果果皮黄绿色，贮藏后变为金黄色，套袋果果皮浅黄色，果面洁净，果点小而密。果肉白色，肉质脆嫩，多汁，石细胞少，果心极小，可食率 95% 以上，不套袋果可溶性固形物含量 14% ～ 16%，套袋果 12% ～ 15%，风味甜，果实 9 月上旬成熟，较耐贮藏（图 3-105）。

图 3-105　黄金梨果实

栽培习性：幼树生长势强，结果后，树势中庸，树姿开张，萌芽力低，成枝力弱。以短果枝结果为主，成花容易，花量大，腋花芽结果能力强，改接后第二年结果。花粉量极少，需配置授粉树，对肥水条件要求高，肥水不足时，树势易早衰。抗黑星病、黑斑病，宜选择平地肥沃壤土或沙壤土建园（图 3-106）。

图 3-106　黄金梨结果枝

3. 园黄梨

品种来源：日韩品种，2005 年引入魏县，首先在县苗圃场果园内进行高接换头改品种试验，表现良好，后在全县果区发展。由于该品种树势衰弱较快，种植几年后果个变小，品质下降，产量降低，因此，目前只有零星树保存下来，无成片果园（图 3-107）。

图 3-107　园黄梨结果树

果实性状：果实近圆形或扁圆形，果实较大，平均单果重 430 克。果皮黄褐色，套袋后变浅黄色，果点中大，不明显，果梗较短，果面光滑，萼片脱落或宿存。果肉白色，肉质细嫩，多汁，口感香甜，可溶性固形物含量 12.8%，品质极上。在魏县 8 月下旬成熟，不耐贮藏，常温下可贮存 15 天，冷藏可贮 2～3 个月（图 3-108）。

图 3-108　园黄梨果实

栽培习性：幼树或新改接树生长势强，结果后树势中庸，树姿开张，萌芽力和成枝力均较弱，以短果枝结果为主，成花容易，花量较大，腋花芽结果能力强，改接树第二年结果，花粉量少，需配置授粉树。对肥水条件要求高，水肥不足时果个变小，品质下降，树势易变衰老。较抗黑斑病、黑星病（图 3-109）。

图 3-109　园黄梨结果枝

4. 大果水晶梨

品种来源：韩国 1991 年从新高梨的枝条芽变中选育成的新品种，2003 年从河北农业大学引入东代固镇北张庄村，进行大树高接改换品种，后在全县老果区引种改接，目前有零星分布（图 3-110）。

图 3-110　大果水晶梨结果状

　　果实性状：果实圆形或扁圆形，果型端正，平均单果重 300 克，大果重 850 克，大小较整齐。果皮深绿，近熟时转乳黄色，套袋果果皮浅黄色，果皮薄，光亮，果点小而密，果梗短，萼片脱落或宿存。果肉白色，肉质细嫩，石细胞极少，汁液大，味甘甜，可溶性固形物含量 14% 左右。在魏县果实 9 月上旬成熟，较耐贮运，常温下可贮藏 1 个月左右（图 3-111）。

图 3-111　大果水晶梨果实

　　栽培习性：幼树树势强健，树姿直立，结果后，树势中庸，叶片大，萌芽力弱，成枝力中等。早果，定植后第三年结果，以短果枝结果为主，腋花芽结果能力强，高接树第二年结果并形成一定产量。花粉量大，坐果率高，适应性强，抗寒抗旱，抗黑星病、炭疽病和轮纹病，但易感黑斑病和褐斑病。

5. 新高梨

品种来源：日本神耐川农业试验场菊池秋雄 1915 年用天之川 × 今村秋杂交育成，1927 年命名并发表。2001 年由魏县林业局从河北省林科院引进成品嫁接苗在魏城镇、东代固等乡镇试种，后在全县果区有少量发展，目前有零星单株分布，无成片果园（图 3-112）。

图 3-112 新高梨结果树

果实性状：果实近圆形，略尖，果个大，平均单果重 450～500 克，大果重 1 000 克。果梗较长，果皮褐色，果面较光滑，果肉乳白色，致密多汁，味甜，可溶性固形物含量 13%～15%。在魏县果实 10 月上中旬成熟，较耐贮运，常温下，可贮存 3～4 周（图 3-113）。

图 3-113　新高梨果实

栽培习性：树势强健，枝条粗壮，较直立，树姿半开张，树冠较大，成枝力弱，萌芽力高，易形成短果枝。幼树长、中、短果枝结果能力均强，成龄树以短果枝结果为主，花粉少，需配置授粉树，坐果率中等，较丰产。根系发达，对土壤适应性强，抗病力较强。

6. 新雪梨

品种来源：日本品种，魏县林业局于 2001 年从河北林科院引进嫁接的成品梨苗，在东代固、南北拐等村试栽，表现较好，后在老果区引进新雪梨接穗，进行大树高接换头，目前在老果区有零星分布（图 3-114）。

图 3-114　新雪梨结果树

果实性状：果实较大，平均单果重 300 克左右。果实圆形，果点较大而稀，果柄较长，萼片宿存或脱落，果皮古黄褐色，套袋后变为浅黄色，果肉白色，肉质酥脆，风味甜，可溶性固形物含量 13% 左右，品质上。在魏县 9 月中下旬成熟，较耐贮运，常温下可贮存 1 个月，冷藏可贮至春节（图 3-115）。

图 3-115 新雪梨果实

栽培习性：树势强健，幼树直立，结果后树势中庸健壮，树姿半开张，幼龄期长、中果枝结果为主，进入盛果期后以短果枝结果为主。花粉量少，需配置授粉树，该品种适应性较强，有抗黑星病、轮纹病能力（图3-116）。

图 3-116 新雪梨结果枝

7. 玉露香梨

品种来源：山西省果树研究所育成，以库尔勒香梨为母本，雪花梨为父本杂交选育而成，2010年引入魏县苗圃场，进行大树高接换头试验，该品种经试验有疆芽现象，目前控制发展面积，正在做疆芽攻关研究，待解决后，再大量发展。目前，在果区有零星栽培（图3-117）。

图3-117　玉露香梨结果状

果实品质：果实卵圆形，平均单果重200～450克。果点小而密，果梗较短，萼片脱落或宿存。果面光洁，稍有棱沟，果皮薄，黄绿色，阳面有红晕，果肉细嫩，脆甜多汁，可溶性固形物含量14%左右，品质极上。在魏县9月上中旬成熟，果实耐贮运，常温可贮存2个月，冷藏可贮至翌年3—4月（图3-118）。

栽培习性：幼树强健，枝姿直立，进入结果期后，树势中庸健壮，树姿开张。幼树期以长果枝结果为主，

图 3-118　玉露香梨果实

盛果期以短果枝结果为主，有连续结果能力，腋花芽易形成，但在魏县疆芽现象较重，直接影响产量，是阻碍该品种发展的主要难题。

8. 早酥红梨

品种来源：陕西省一果园中发现的早酥梨芽变品种，2013 年由邯郸启荣生态果业有限公司从安徽六安引进，定植在三禾农业开发有限公司张街果品基地采摘园内，是一个早熟红色梨新品种。

果实性状：果实大型，平均单果重 260 克，大果 500 克。果型近卵圆形，果顶尖有五棱，果点小而密，萼片宿存，萼洼深，果梗较短。果皮薄，果面条状红色，外观美，果肉白色，肉质酥脆，风味甜稍淡，可溶性固形物含量 12.2%，品质上等，在魏县 7 月下旬成熟（图 3-119）。

图 3-119 早酥红梨果形与外观

栽培习性：幼树强健，枝条粗大，树姿直立，进入结果期后树势中庸健壮，树姿开张。幼树以长果枝结果为主，盛果期树以短果枝结果为主，萌芽力中等，成枝力弱。嫩叶红色，花粉红色，幼果为紫红色，近成熟时变为条红色，具有观赏、食用双重价值，是采摘观光果园的理想品种。该品种适应性强，抗寒抗旱，对土壤要求不严（图 3-120）。

图 3-120 早酥红梨结果状

9. 新梨7号

品种来源：新疆果树研究所最新育成，母本为库尔勒香梨，父本为早酥梨杂交选育的红色梨新品种。2014年秋引入魏县，在牙里镇张辉屯、南双庙乡狮子口、魏县苗圃场等地有新定植的果园和改接的大树（图3-121）。

图 3-121　新梨 7 号幼树结果状

果实性状：果实中大，平均单果重224.8克，最大果重360克。果实卵圆形，果顶略尖，果点小不明显，果梗较短，萼片宿存，萼洼浅。果面平整光泽，果皮薄，黄绿色，成熟果底色浅黄，阳面有红晕，果肉白色，肉质细嫩，石细胞极少，汁多，味甘甜，香味浓，可溶性固形物含量13%左右，品质极上。7月中旬即可采食，适宜采收期8月初，可延长至9月上旬，果实仍能保持原有风味。果实耐贮藏，在普通土窖贮藏条件下，可贮藏至翌年4月上旬。由于果实成熟早，溢香，易受鸟害。

栽培习性：幼树生长强健，枝条粗壮，树姿直立，进入结果期后树势中庸强健，树姿开张。萌芽力、成枝力均强，幼树以长果枝结果为主，易形成腋花芽，盛果期以短果枝结果为主，果柄柔韧抗风。该品种自花结实率低，需严格配置授粉树。对土壤要求不严，但以土层深厚、土壤肥沃的沙壤土为最佳（图3-122）。

图3-122 新梨7号结果枝

10. 雪青梨

品种来源：浙江农业大学园艺系选育的新品种，母本为雪花梨，父本为新世纪梨杂交选育而成，系黄冠梨的姊妹系。2014年引入魏县，目前有零星栽植，有规模发展的趋势。

果实性状：果实圆形，果个较大，平均单果重300～400克，最大单果重可达1 250克以上，果皮黄绿色，皮薄，果点中大、中多，分布均匀。果梗较长，萼片脱落，萼洼深，果肉白色，肉质细脆，汁多，味甜有香气，可溶性固形物含量在12%左右，品质上等，果实8月中旬成熟（图3-123）。

图3-123 雪青梨果实及外观

栽培习性：幼树生长势强，树姿直立，进入结果期树势中庸强健，树姿开张。萌芽力和成枝力均强，花芽容易形成。幼树以长果枝结果为主，盛果期以短果枝结果为主，丰产稳产。该品种抗性较强，但需配置授粉树。

除上述介绍的品种之外，还引进了晚秀梨、华林梨、金星梨等梨品种，因栽培数量很少，推广价值不大，不再一一解说（图 3-124）。

图 3-124　雪青梨结果枝

11. 秋月梨

品种来源：属沙梨系统，1998 年日本农林水产省果树试验场用 162-29 （新高 × 丰水）× 幸水杂交育成并命名，2010 年前后引入我国，最早引入山东，河北威县有大片种植的梨园。2015 年引入魏县大辛庄乡李辛庄村，定植 50 余亩，2017 年已进入结果期。其他乡村也有引种栽培（图 3-125）。

果实性状：果实较大，平均单果重 450 克，最大 1 500 克左右。果皮红褐色，果实扁圆形，果形端正，果形指数 0.9 左右。果实大小整齐、果肉乳白色、肉质

图 3-125　秋月梨结果枝及外观

细脆、汁多味甜、口感清香爽口，石细胞少。果核小，可食率 95% 左右，可溶性固形物 13% 左右，最高可达 15.6%。成熟期 9 月中旬，采后 20 天变面，不耐贮藏。

栽培习性：适应性较强。抗寒力强，耐干旱；较抗黑星、黑斑病。主要缺点是萼片宿存；树姿较直立，4～5 年生骨干枝容易出现下部光秃。

幼树树势强健，树姿直立，枝条粗壮，当年生枝条顶端易形成椭圆形肉瘤状枝头。成枝力中等、自花结实率高，栽植当年即可成花，以枝顶端肉瘤下位成花居多，第二年即可结果。以短果枝和腋花芽结果为主。第四年可进入盛果期，丰产稳产。果实在魏县 9 月中旬成熟。树体矮化，适于密植，需防风、防鸟。

除上述介绍的品种之外，还引进了晚秀梨、华林梨、金星梨等梨品种，因栽培数量很少，不再一一解说。

第四节　面积较小的其他栽培品种

1. 八云梨

引进日本品种（图 3-126 至图 3-127）。

图 3-126　八云梨结果状

图 3-127　八云梨果实

2. 0-1号梨

引进日本品种（图 3-128）。

图 3-128　0-1号梨

3. 早黄梨

石家庄果树研究所杂交选育的早熟梨新品种（图 3-129、图 3-130）。

图 3-129　早黄梨树

图 3-130　早黄梨树结果状

4. 金花梨（七号）

原产地四川品种（图 3-131、图 3-132）。

图 3-131　金花梨（七号）

图 3-132　金花梨（七号）结果状

5.晚秀梨

晚秀梨为日韩品种（图 3-133）。

图 3-133　晚秀梨果实

6. 五九香梨

从兴城果树所引进品种（图3-134）。

图3-134 五九香梨果实

7. 金星梨

郑州果树所选育（图3-135）。

图3-135 金星梨果实

8. 奥冠红梨

新西兰品种（图 3-136）。

图 3-136　奥冠红梨果实

9. 魏县红梨优系（图 3-137）

图 3-137　魏县红梨优系果实

第四章　古树奇观

图 4-1　千年梨王（鸭梨）

图 4-2　鸭梨王（300 余年）

图 4-3　银白梨王（300 余年）　图 4-4　杜梨古树

图 4-5　油秋梨（150 余年）

图 4-6　大白面梨（120 余年）

图 4-7　魏县红梨（150 余年）

图 4-8　砘子梨（120 余年）

图 4-9　丢卒保车（鸭梨）

图 4-10 力擎千斤（鸭梨）

图 4-11 一奶双胞（砘子梨）

图 4-12　梁歪柱擎（鸭梨）

图 4-13　穿针引线（鸭梨）

图 4-14　古残映辉（砘子梨）

图 4-15　梨园古韵（红梨）

图 4-16　天女嫁杜郎（鸭梨）

图 4-17　舍身为梨（鸭梨）

图 4-18　抽梁换柱（鸭梨）

图 4-19　蛟龙出洞（鸭梨）

图 4-20　凤凰振羽（秋白梨）

图 4-21 牌坊雪映（鸭梨）

图 4-22 搭桥输养（鸭梨）

图 4-23　银装花海

图 4-24　古园花香

图 4-25　二乔争宠

　　魏县町上村果树技术员滑玉坤，在自家的鸭梨树树冠顶端嫁接魏县红梨。结出的红梨平均单果重260克，最大450克，比一般红梨单果重增加1倍。这一创新嫁接方法，明显提高了红梨的品质，同时，又能给下部的鸭梨授粉，解决了人工授粉费工费时的问题。

后 记

从 2008 年拍摄梨品种照片到现在已有 8 年时间，由于种种原因，我们想把魏县梨品种宣传出去的愿望一直未能实现。许多果农多次询问结果，我们一直无法向他们交代，心中的压力很大。我们努力地想尽很多办法，通过多种渠道宣传，考虑再三，终觉不妥。

中共魏县县委、县政府对梨文化极为重视，成立了"魏县梨文化研究协会"，创办了"魏县梨文化博物馆"，吸收了全县梨文化研究者数十人参加。刘振廷、冯立学二人被邀请其中参与梨文化研究工作。中共县委、县政府又把研究成果放入魏县梨文化博物馆之中进行展示，这对我们是一个喜讯。以此为契机，我们从数千张照片中，精选了各种梨品种果实、丰产枝、整棵梨树照片编辑成册，以飨读者。

魏县梨品种及栽培技术不仅反映出魏县果树管理的先进技术水平，同时也反映了全国梨树发展的方向及技术水平。《中国·魏县梨品种集》收录的十几个古老品种，受魏县所处的自然地理环境的影响，这些品种具有自己独特的优点及药用价值。为进一步提高红梨的品质，科技人员进行了深入研究，其中，"魏县红梨选优及配套栽培技术研究"已通过省级鉴定，研究成果在同类研究中达到国内先进水平，2015 年获邯郸市科技进步二等奖。选育出的"美香鸭梨""特大鸭梨"和"金丰鸭梨"新品种，研究成果已达到国际领先水平。

我们的研究成果，一方面可收录"魏州鸭梨文化博物馆"作为宝贵的梨文化资料收藏，并让世人参观，历代传承下去；另一方面著书出版发行，进一步宣传魏县梨文化，能极大地提高魏县在国内外的知名度。另外，为梨农进一步了解梨品种，学习新技术、选择新品种提供了机会和信息。同时，我们也可以向广大果农有一个圆满的交代，了却我们多年的心愿。

在拍摄、编辑过程中，许多单位和个人向我们提供了多方面的支持和帮助。他们是魏县原科学技术协会主席刘学纯，林业局原果树站站长张丙昌、黄国玺。还有前罗庄村果树技术员史义，西南温村果树技术员张向民、张路成，町上村果树技术员滑玉坤，陈庄村梨品种示范户陈凤桐，北张庄村果树技术员郭爱民，南北拐村果树技术员张志发，庞庄村果树技术员朱付平，梁河下村果树技术员蒿现章，王营村梨农张建一，刘河下村果树技术员刘书俊，南温店村果树技术员司承文，回隆西街果树技术员范怀银，郭堂村果树技术员陈怀亮等。对以上单位和个人表示衷心感谢！

由于编撰时间紧迫，难免会存在一些问题，敬请广大读者批评指正。

著　者

于 2017 年 10 月